工业机器人操作与运维

自学·考证·上岗一本通

韩鸿鸾 毕美晨 陶建海 卢 超 编著

| 中级 |

化学工业出版社

·北京·

内 容 简 介

本书是基于"1+X"的上岗用书，根据"工业机器人操作与运维职业技能岗位（中级）"要求而编写的。本书包括工业机器人通信、工业机器人在线编程与操作、工业机器人工作站系统集成、工业机器人的维护、工业机器人故障的维修与调整等内容。

本书适合工业机器人操作与运维职业技能岗位（中级）考证用，也适合工厂中工业机器人操作与运维初学者学习参考。

图书在版编目（CIP）数据

工业机器人操作与运维自学·考证·上岗一本通：中级/韩鸿鸾等编著. —北京：化学工业出版社，2022.6

ISBN 978-7-122-41118-1

Ⅰ.①工… Ⅱ.①韩… Ⅲ.①工业机器人-操作-资格考试-自学参考资料 Ⅳ.①TP242.2

中国版本图书馆 CIP 数据核字（2022）第 055306 号

责任编辑：王　烨	文字编辑：袁　宁
责任校对：李雨晴	装帧设计：刘丽华

出版发行：化学工业出版社（北京市东城区青年湖南街 13 号　邮政编码 100011）
印　　装：大厂聚鑫印刷有限责任公司
787mm×1092mm　1/16　印张 15　字数 374 千字　2022 年 9 月北京第 1 版第 1 次印刷

购书咨询：010-64518888　　　　　　售后服务：010-64518899
网　　址：http://www.cip.com.cn
凡购买本书，如有缺损质量问题，本社销售中心负责调换。

定　　价：79.80 元

前言

国务院印发的《国家职业教育改革实施方案》提出，从 2019 年开始，在职业院校、应用型本科高校启动"学历证书＋若干职业技能等级证书"制度试点（以下称 1＋X 证书制度）工作。

1＋X 证书制度对于彰显职业教育的类型教育特征、培养未来产业发展需要的复合型技术技能人才、打造世界职教改革发展的中国品牌具有重要意义。

1＋X 证书制度是深化复合型技术技能人才培养培训模式和评价模式改革的重要举措，对于构建国家资历框架等也具有重要意义。职业技能等级证书是 1＋X 证书制度设计的重要内容，是一种新型证书，不是国家职业资格证书的翻版。教育部、人社部两部门目录内职业技能等级证书具有同等效力，持有证书人员享受同等待遇。

这里的"1"为学历证书，指学习者在学制系统内实施学历教育的学校或者其他教育机构中完成了学制系统内一定教育阶段学习任务后获得的文凭。

"X"为若干职业技能等级证书，职业技能等级证书是在学习者完成某一职业岗位关键工作领域的典型工作任务所需要的职业知识、技能、素养的学习后获得的，反映其职业能力水平的凭证。从职业院校育人角度看，1＋X 是一个整体，构成完整的教育目标，"1"与"X"作用互补、不可分离。

在职业院校、应用型本科高校启动学历证书＋职业技能等级证书的制度，鼓励学生在获得学历证书的同时，积极取得多类职业技能等级证书。

本书是基于"1＋X"的上岗用书，根据"工业机器人操作与运维职业技能岗位（中级）"要求而编写。本书主要内容包括工业机器人通信、工业机器人在线编程与操作、工业机器人工作站系统集成、工业机器人的维护和工业机器人故障的维修与调整等。

本书由威海职业学院（威海市技术学院）韩鸿鸾、毕美晨、陶建海、卢超编著。本书在编写过程中得到了山东省、河南省、河北省、江苏省、上海市等技能鉴定部门的大力支持，在此深表谢意。

由于时间仓促，编者水平有限，书中缺陷在所难免，敬请广大读者批评指正。

编著者于山东威海

2022 年 6 月

目录

第 3 章 工业机器人工作站系统集成 / 106

第 4 章 工业机器人的维护 / 139

第 5 章　工业机器人故障的维修与调整 / 175

参考文献 / 222

附录 / 223

第1章

工业机器人通信

1.1 标准 I/O 板的配置

I/O 是 Input/Output 的缩写，即输入输出端口，机器人可通过 I/O 板与外部设备进行交互。例如，数字量输入：按钮开关、转换开关、接近开关等各种开关的信号反馈；光电传感器、光纤传感器等的传感器信号反馈；接触器、继电器触点信号反馈；另外还有触摸屏里的开关信号反馈。数字量输出：控制接触器、继电器、电磁阀等的各种继电器线圈；控制指示灯、蜂鸣器等的各种指示类信号，ABB 机器人的标准 I/O 板的输入输出都是 PNP 类型。

1.1.1 ABB 机器人 I/O 通信的种类

ABB 机器人提供了丰富 I/O 通信接口，可以轻松地实现与周边设备的通信，如 ABB 的标准通信，与 PLC 的现场总线通信，还有与 PC 机的数据通信，如图 1-1 所示。I/O 通信接口举例如图 1-2 所示。

ABB 的标准 I/O 板提供的常用信号处理有数字量输入、数字量输出、组输入、组输出、模拟量输入、模拟量输出，如图 1-3、图 1-4 所示。ABB 机器人可以选配标准 ABB 的 PLC，省去了原来与外部 PLC 进行通信设置的麻烦，并且在机器人的示教器上就能实现与 PLC 的相关操作。

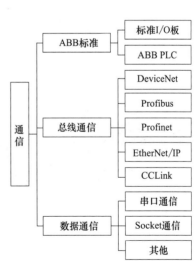

图 1-1　ABB 机器人 I/O 通信种类

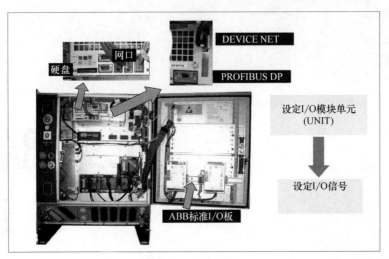

图 1-2　安装位置

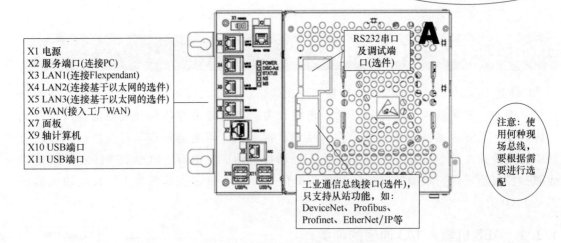

注意：WAN接口需要选择选项"PC INTERFACE"才可以使用

X1 电源
X2 服务端口(连接PC)
X3 LAN1(连接Flexpendant)
X4 LAN2(连接基于以太网的选件)
X5 LAN3(连接基于以太网的选件)
X6 WAN(接入工厂WAN)
X7 面板
X9 轴计算机
X10 USB端口
X11 USB端口

RS232串口及调试端口(选件)

注意：使用何种现场总线，要根据需要进行选配

工业通信总线接口(选件)，只支持从站功能，如：DeviceNet、Profibus、Profinet、EtherNet/IP等

图 1-3　结构

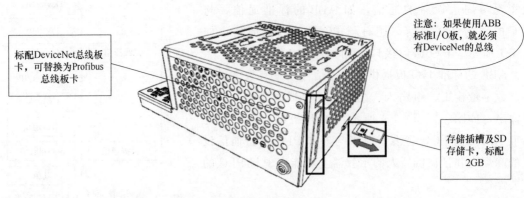

注意：如果使用ABB标准I/O板，就必须有DeviceNet的总线

标配DeviceNet总线板卡，可替换为Profibus总线板卡

存储插槽及SD存储卡，标配2GB

图 1-4　总线板

常用标准 I/O 板型号见表 1-1。图 1-5 为 ABB 标准 I/O 板 DSQC651。DSQC651 板主要提供 8 个数字输入信号、8 个数字输出信号和 2 个模拟输出信号的处理。

不同的接口其具体要求也是不一样的，最常用的 ABB 标准 I/O 板为 DSQC651。图 1-6 为 ABB 标准 I/O 板 DSQC651 的 X5 的接口要求。X1 端子说明见表 1-2，X3 端子说明见表 1-3，X5 端子说明见表 1-4，X6 端子说明见表 1-5。

表 1-1　常用标准 I/O 板型号

序号	型号	说明
1	DSQC651	分布式 I/O 模块 di8、do8、ao2
2	DSQC652	分布式 I/O 模块 di16、do16
3	DSQC653	分布式 I/O 模块 di8、do8 带继电器
4	DSQC355A	分布式 I/O 模块 ai4、ao4
5	DSQC377A	输送链跟踪单元

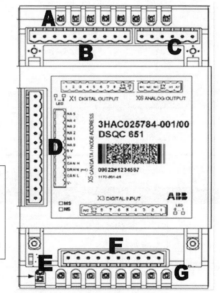

A: 数字输出信号指示灯
B: X1数字输出接口
C: X6模拟输出接口
D: X5是DeviceNet接口
E: 模块状态指示灯
F: X3数字输入接口
G: 数字输入信号指示灯

图 1-5　ABB 标准 I/O 板 DSQC651

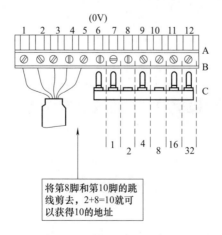

将第8脚和第10脚的跳线剪去，2+8=10就可以获得10的地址

图 1-6　ABB 标准 I/O 板 DSQC651 的 X5 的接口要求

表 1-2　X1 端子使用说明

X1 端子编号	使用定义	地址分配
1	OUTPUT CH1	32
2	OUTPUT CH2	33
3	OUTPUT CH3	34
4	OUTPUT CH4	35
5	OUTPUT CH5	36
6	OUTPUT CH6	37
7	OUTPUT CH7	38
8	OUTPUT CH8	39
9	0V	
10	24V	

表 1-3　X3 端子

X3 端子编号	使用定义	地址分配
1	INPUT CH1	0
2	INPUT CH2	1
3	INPUT CH3	2
4	INPUT CH4	3
5	INPUT CH5	4
6	INPUT CH6	5
7	INPUT CH7	6
8	INPUT CH8	7
9	0V	
10	未使用	

表 1-4　X5 端子使用说明

X5 端子编号	使用定义
1	0V BLACK(黑色)
2	CAN 信号线 low BLUE(蓝色)
3	屏蔽线
4	CAN 信号线 high WHITE(白色)
5	24V RED(红色)
6	GND 地址选择公共端
7	模块 ID bit 0(LSB)
8	模块 ID bit 1(LSB)
9	模块 ID bit 2(LSB)
10	模块 ID bit 3(LSB)
11	模块 ID bit 4(LSB)
12	模块 ID bit 5(LSB)

表 1-5　X6 端子使用说明

X6 端子编号	使用定义	地址分配
1	未使用	
2	未使用	
3	未使用	
4	0V	
5	模拟输出 AO1	0~15
6	模拟输出 AO2	16~31

　　ABB 标准 I/O 板是挂在 DeviceNet 网络上的，所以要设定模块在网络中的地址。端子 X5 的 6~12 的跳线就是用来决定模块地址的，地址可用范围为 10~63，如表 1-6 所示。如

图 1-6 所示，将第 8 脚和第 10 脚的跳线剪去，2+8=10 就可以获得 10 的地址。

表 1-6   模块在网络中的地址

参数名称	设定值	说明
Name	board10	设定 I/O 板在系统中的名字
Type of Unit	d651	设定 I/O 板的类型
Connected to Bus	DeviceNet1	设定 I/O 板连接的总线
DeviceNet Address	10	设定 I/O 板在总线中的地址

1.1.2 信号定义

(1) 定义数字输入/输出信号

ABB 机器人标准 I/O 数字输入信号与输出信号如表 1-7 与表 1-8 所示，其位置如图 1-7 所示。

表 1-7   ABB 机器人标准 I/O di1 数字输入信号

参数名称	设定值	说明
Name	di1	设定数字输入信号的名字
Type of Signal	Digital Input	设定信号的类型
Assigned to Unit	board10	设定信号所在的 I/O 模块
Unit Mapping	0	设定信号所占用的地址

表 1-8   ABB 机器人标准 I/O do1 数字输出信号

参数名称	设定值	说明
Name	do1	设定数字输出信号的名字
Type of Signal	Digital Output	设定信号的类型
Assigned to Unit	board10	设定信号所在的 I/O 模块
Unit Mapping	32	设定信号所占用的地址

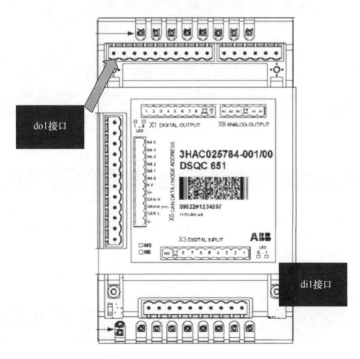

图 1-7   ABB 机器人标准 I/O di1 接口

（2）定义组输入/输出信号

① 定义组输入信号　组输入信号就是将几个数字输入信号组合起来使用，用于接收外围设备输入的 BCD 编码的十进制数。其相关参数及状态见表 1-9、表 1-10。此例中，gi1 占用地址 1～4 共 4 位，可以代表十进制数 0～15。如此类推，如果占用地址 5 位的话，可以代表十进制数 0～31，其位置如图 1-8 所示。

表 1-9　ABB 机器人标准 I/O gi1 组输入信号

参数名称	设定值	说明
Name	gi1	设定组输入信号的名字
Type of Signal	Group Input	设定信号的类型
Assigned to Unit	board10	设定信号所在的 I/O 模块
Unit Mapping	1～4	设定信号所占用的地址

表 1-10　外围设备输入的 BCD 编码的十进制数

状态	地址 1 1	地址 2 2	地址 3 4	地址 4 8	十进制数
状态 1	0	1	0	1	2+8=10
状态 2	1	0	1	1	1+4+8=13

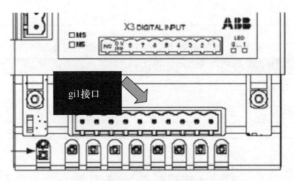

图 1-8　ABB 机器人标准 I/O gi1 接口

② 定义组输出信号　组输出信号就是将几个数字输出信号组合起来使用，用于输出 BCD 编码的十进制数。如表 1-11 所示。此例中，go1 占用地址 33～36 共 4 位，可以代表十进制数 0～15。如此类推，如果占用地址 5 位的话，可以代表十进制数 0～31，如表 1-12 所示。其位置如图 1-9 所示。

表 1-11　ABB 机器人标准 I/O go1 组输出信号

参数名称	设定值	说明
Name	go1	设定组输出信号的名字
Type of Signal	Group Output	设定信号的类型
Assigned to Unit	board10	设定信号所在的 I/O 模块
Unit Mapping	33～36	设定信号所占用的地址

表 1-12　输出 BCD 编码的十进制数

状态	地址 33 1	地址 34 2	地址 35 4	地址 36 8	十进制数
状态 1	0	1	0	1	2+8=10
状态 2	1	0	1	1	1+4+8=13

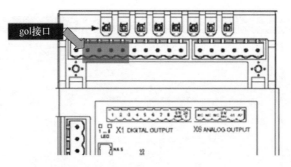

图 1-9　ABB 机器人标准 I/O go1 接口

1.1.3　ABB 标准 I/O 板的设置

见表 1-13。

表 1-13　标准 I/O 板（DSQC651 板）的配置

步骤	说明	图示
1	在示教器中选择"控制面板"	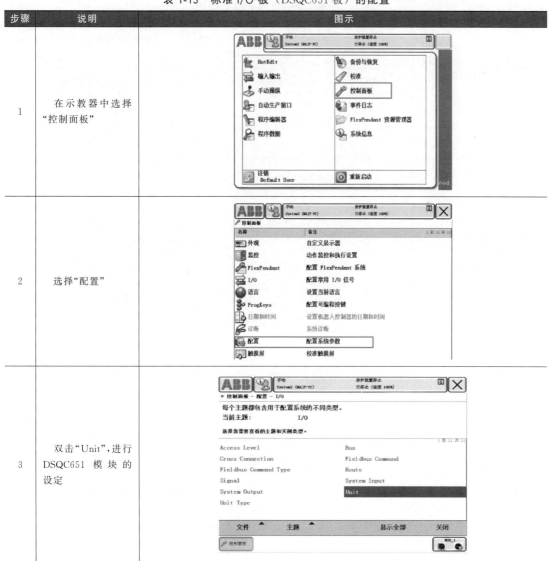
2	选择"配置"	
3	双击"Unit"，进行 DSQC651 模块的设定	

步骤	说明	图示
4	单击"添加"	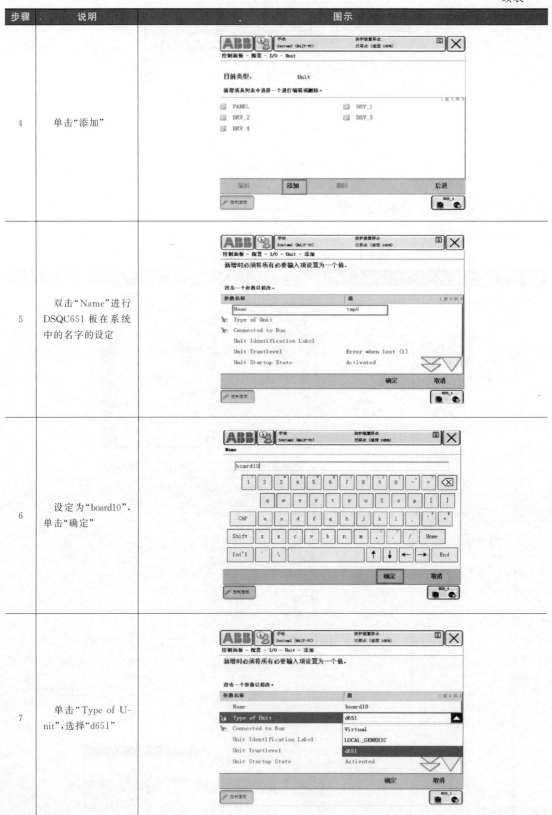
5	双击"Name"进行 DSQC651 板在系统中的名字的设定	
6	设定为"board10"，单击"确定"	
7	单击"Type of U-nit"，选择"d651"	

步骤	说明	图示
8	双击"Connected to Bus",选择"deviceNet1",然后单击"确定"	
9	在弹出窗口中单击"是",完成对DSQC651板的总线连接操作	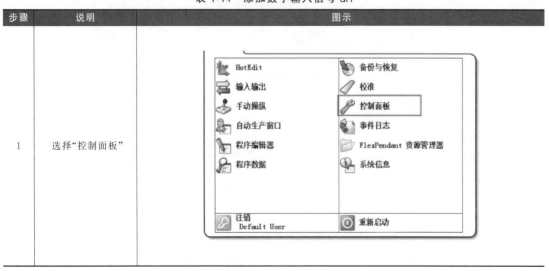

1.1.4 定义输入/输出信号

(1)添加数字输入信号 di1(表 1-14)

表 1-14 添加数字输入信号 di1

步骤	说明	图示
1	选择"控制面板"	

第 1 章 工业机器人通信

步骤	说明	图示
2	选择"配置"	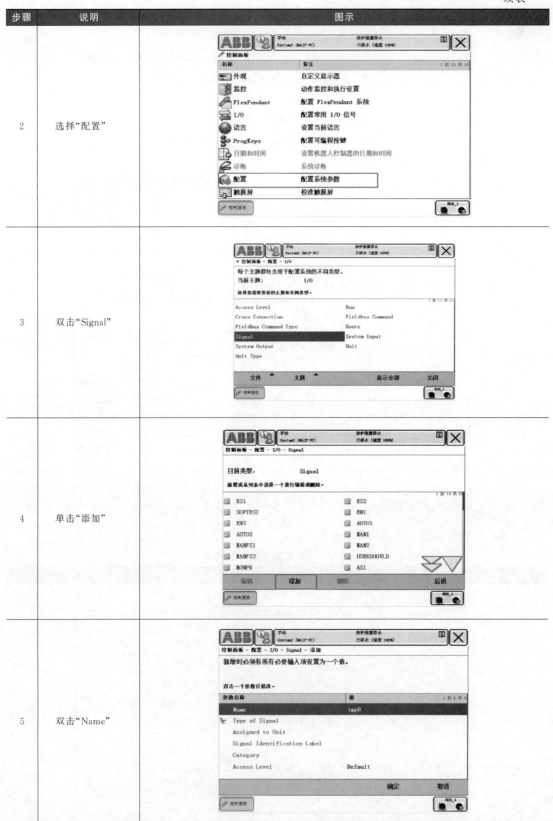
3	双击"Signal"	
4	单击"添加"	
5	双击"Name"	

步骤	说明	图示
6	输入"di1",然后单击"确定"	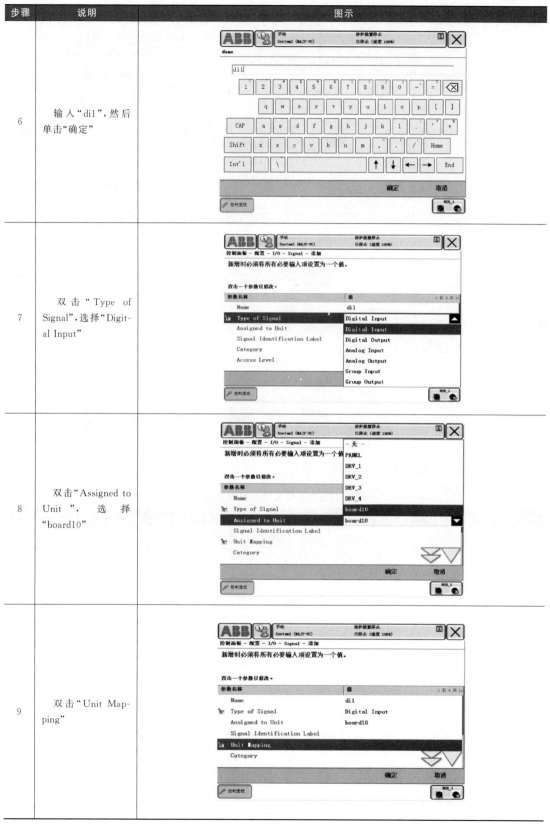
7	双击"Type of Signal",选择"Digital Input"	
8	双击"Assigned to Unit",选择"board10"	
9	双击"Unit Mapping"	

步骤	说明	图示
10	输入"0",单击"确定"	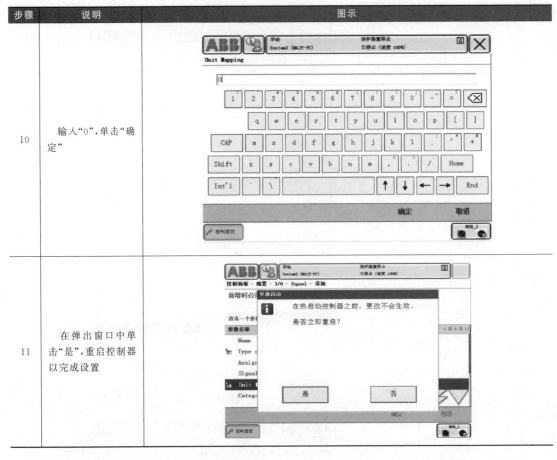
11	在弹出窗口中单击"是",重启控制器以完成设置	

（2）添加数字输出信号 do1（表1-15）

表1-15　添加数字输出信号 do1

步骤	说明
1	单击左上角主菜单按钮
2	选择"控制面板"
3	选择"配置"
4	双击"Signal"
5	单击"添加"
6	双击"Name"
7	输入"do1",然后单击"确定"
8	双击"Type of Signal",选择"Digital Output"
9	双击"Assigned to Device",选择"board10"
10	双击"Device Mapping"
11	输入"32",然后单击"确定"
12	单击"确定"
13	单击"是",完成设定

1.1.5　定义组输入/输出信号

（1）添加组输入信号 gi1（表1-16）

表 1-16　添加组输入信号 gi1

步骤	说明	图示
1	单击左上角主菜单按钮	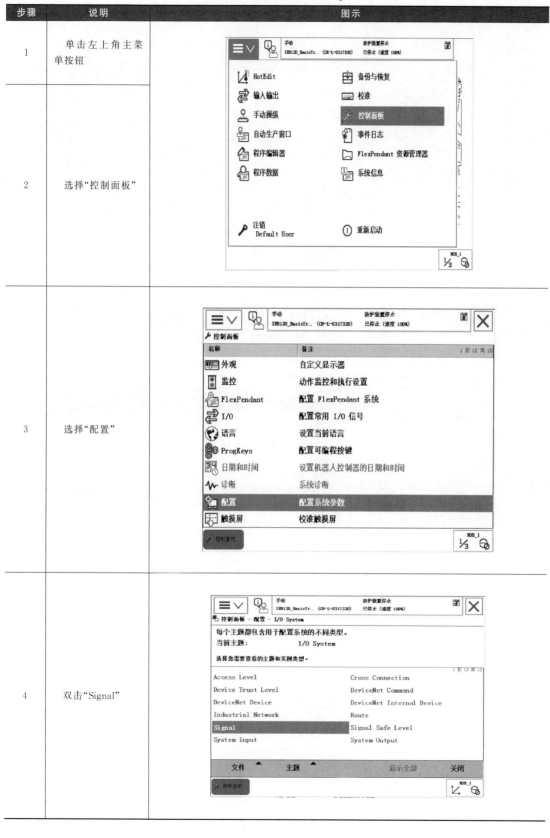
2	选择"控制面板"	
3	选择"配置"	
4	双击"Signal"	

步骤	说明	图示
5	单击"添加"	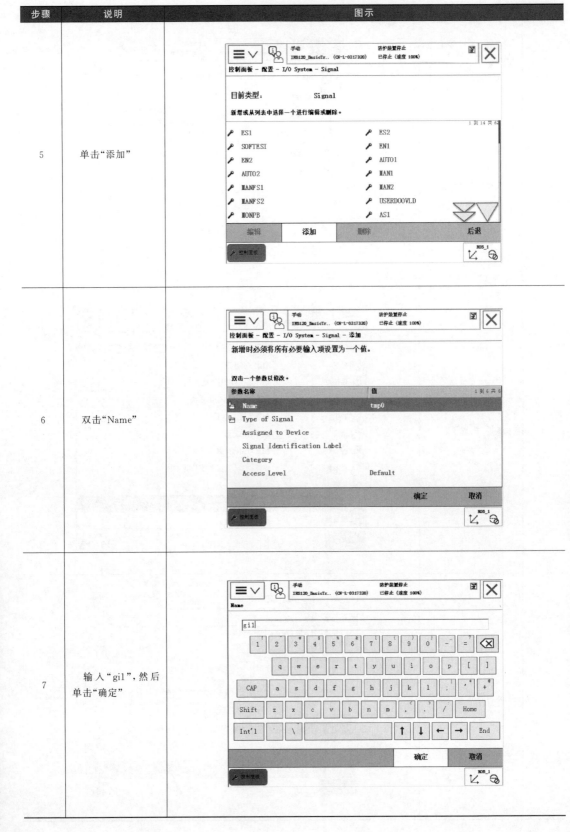
6	双击"Name"	
7	输入"gi1",然后单击"确定"	

步骤	说明	图示
8	双击"Type of Signal",选择"Group Input"	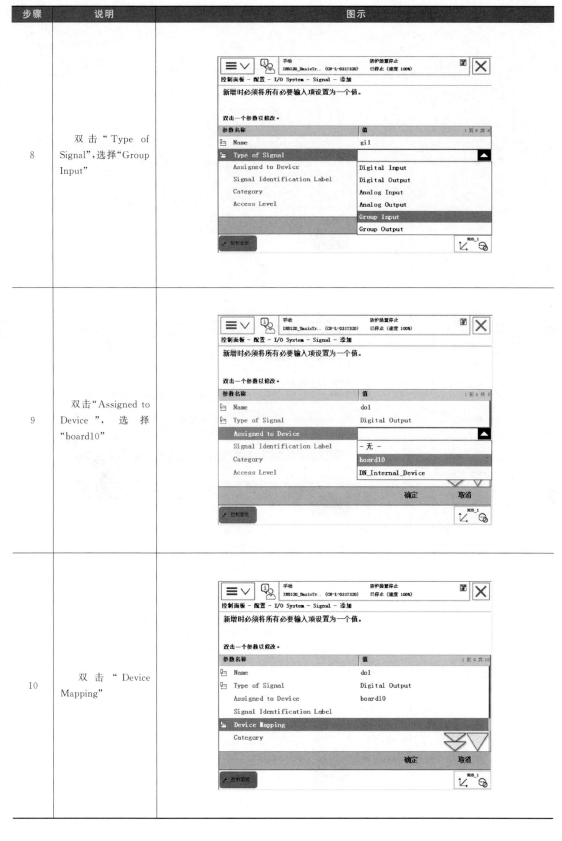
9	双击"Assigned to Device",选择"board10"	
10	双击"Device Mapping"	

步骤	说明	图示
11	输入"1-4",然后单击"确定"	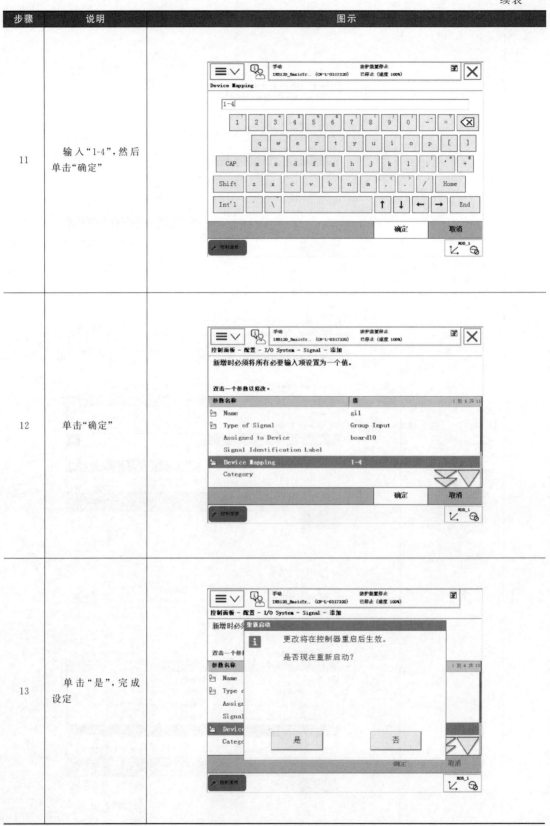
12	单击"确定"	
13	单击"是",完成设定	

（2）添加组输出信号 go1（表 1-17）

表 1-17　添加组输出信号 go1

步骤	说明
1	单击左上角主菜单按钮
2	选择"控制面板"
3	选择"配置"
4	双击"Signal"
5	单击"添加"
6	双击"Name"
7	输入"go1"，然后单击"确定"
8	双击"Type of Signal"，选择"Group Output"
9	双击"Assigned to Device"，选择"board10"
10	双击"Device Mapping"
11	输入"33-36"，然后单击"确定"
12	单击"确定"
13	单击"是"，完成设定

1.1.6　I/O 信号监控与操作

见表 1-18。

表 1-18　I/O 信号监控与操作

步骤	说明	图示
1	选择"输入输出"	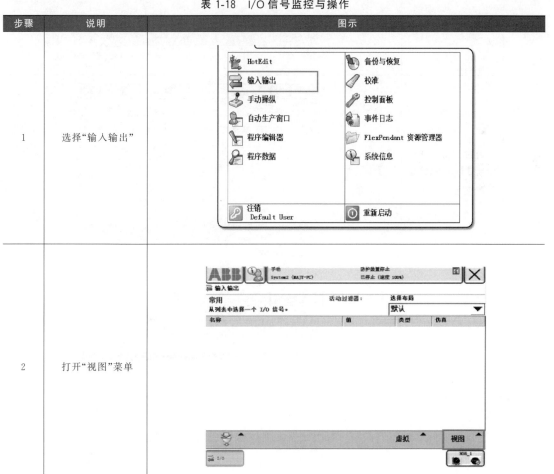
2	打开"视图"菜单	

步骤	说明	图示
3	选择"I/O 单元"	
4	选择"board10"，然后单击"信号"	
5	通过该窗口可对信号进行监控、仿真和强制操作	
6	对 di1 进行仿真操作，先选中"di1"，然后单击"仿真"	

步骤	说明	图示
7	单击"0"或"1"，将 di1 的状态仿真置为 0 或 1	
8	仿真结束后，单击"清除仿真"，取消仿真	
9	对 ao1 进行强制操作	
10	输入需要的数值，然后单击"确定"	

第1章 工业机器人通信

步骤	说明	图示
11	ao1 强制设置输出为 2.00	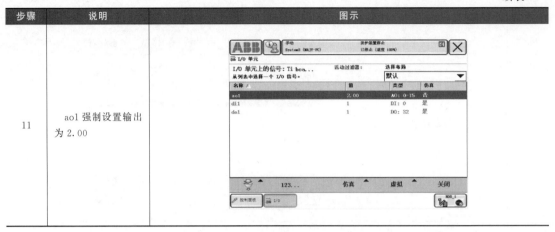

1.2 关联信号

1.2.1 系统输入/输出与 I/O 信号的关联

将数字输入信号与系统的控制信号关联起来，就可以对系统进行控制（例如电动机的开启、程序启动等）。系统的状态信号也可以与数字输出信号关联起来，将系统的状态输出给外围设备，以作控制之用。

为了方便对 I/O 信号进行强制与仿真操作，可将可编程按键分配给想要快捷控制的 I/O 信号。示教器上的可编程按键如图 1-10 所示。

在示教器上的可编程按键

注意：可以为可编程按键分配想快捷控制的I/O信号，以方便对I/O信号进行强制和仿真操作

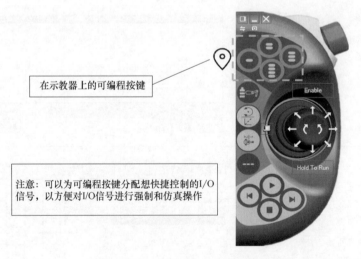

图 1-10　示教器上的可编程按键

1.2.2 关联步骤

（1）建立系统输入"电动机开启"与数字输入信号 di1 的关联（表 1-19）

表 1-19　建立关联的具体操作步骤

步骤	说明	图示
1	单击左上角主菜单按钮	
2	选择"控制面板"	
3	选择"配置"	
4	双击"System Input"	

步骤	说明	图示
5	单击"添加"	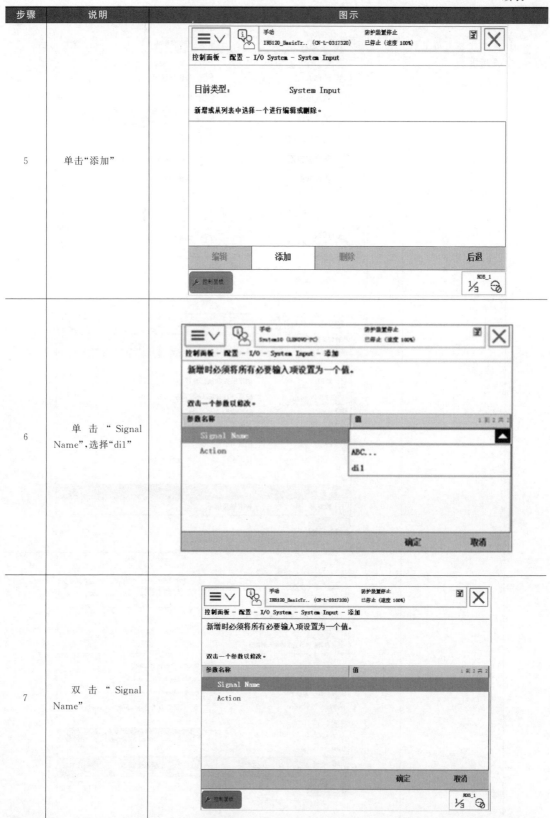
6	单击"Signal Name",选择"di1"	
7	双击"Signal Name"	

工业机器人操作与运维自学·考证·上岗一本通（中级）

步骤	说明	图示
7	选择"di1"	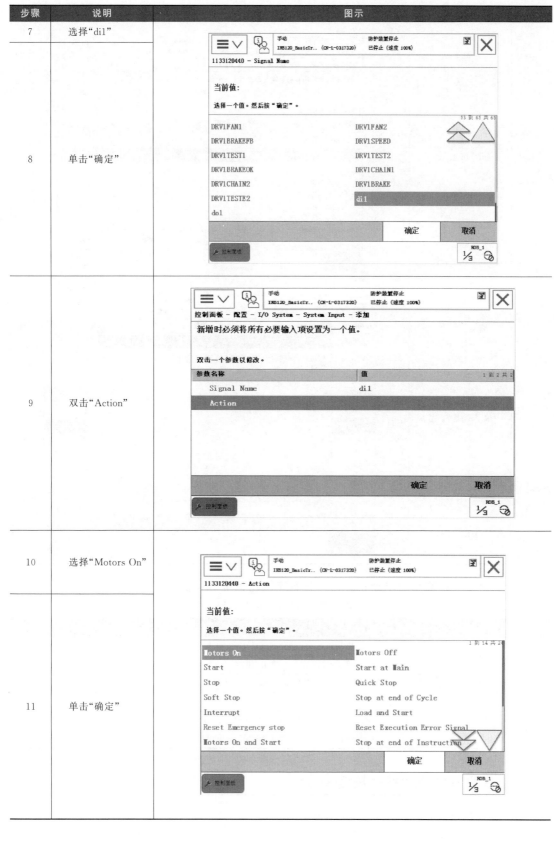
8	单击"确定"	
9	双击"Action"	
10	选择"Motors On"	
11	单击"确定"	

第1章 工业机器人通信

步骤	说明	图示
12	单击"确定"	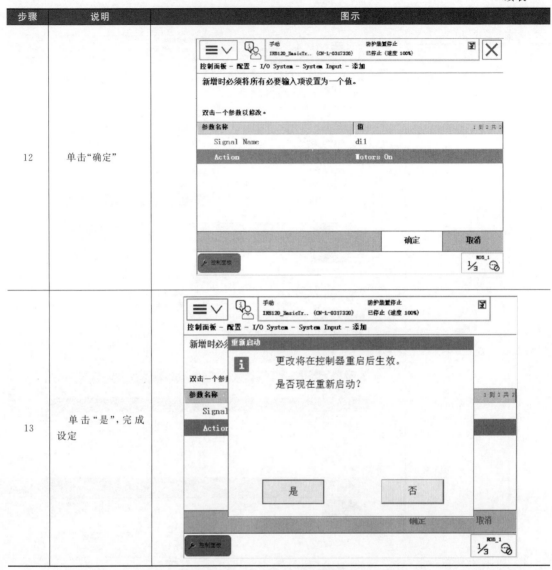
13	单击"是",完成设定	

（2）建立系统输出"电动机开启"与数字输出信号 do1 的关联（表 1-20）

表 1-20　建立关联的具体操作

步骤	说明
1	进入"控制面板→配置→I/O"界面，双击"System Output"
2	单击"添加"
3	单击"Signal Name"，选择"do1"
4	双击"Status"
5	选择"Motor On"→单击"确定"
6	确认设定的信息，单击"确定"完成设定并重启系统

1.2.3　定义 do1 到可编程按键 1

见表 1-21。

表 1-21 为可编程按键 1 配置数字输出信号 do1 的操作

步骤	说明	图示
1	"控制面板"→"配置可编程按键"	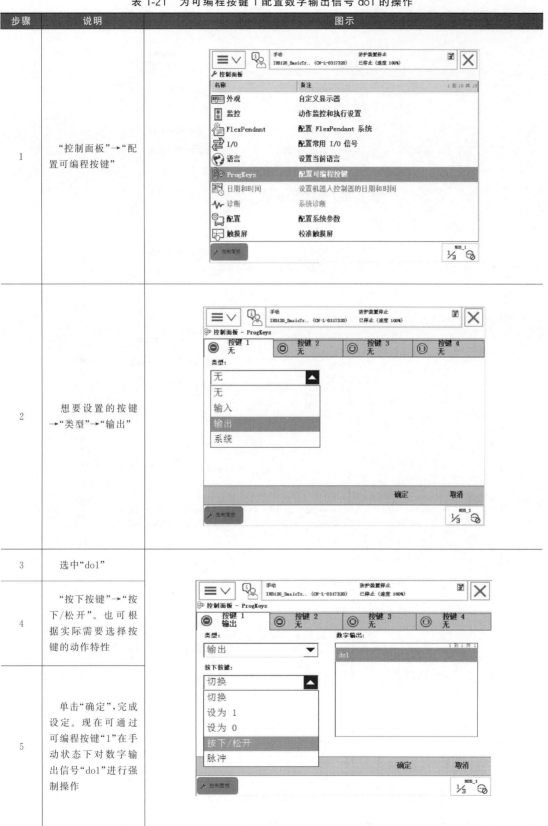
2	想要设置的按键→"类型"→"输出"	
3	选中"do1"	
4	"按下按键"→"按下/松开"。也可根据实际需要选择按键的动作特性	
5	单击"确定",完成设定。现在可通过可编程按键"1"在手动状态下对数字输出信号"do1"进行强制操作	

步骤	说明	图示
6	打开主菜单→"输入输出"	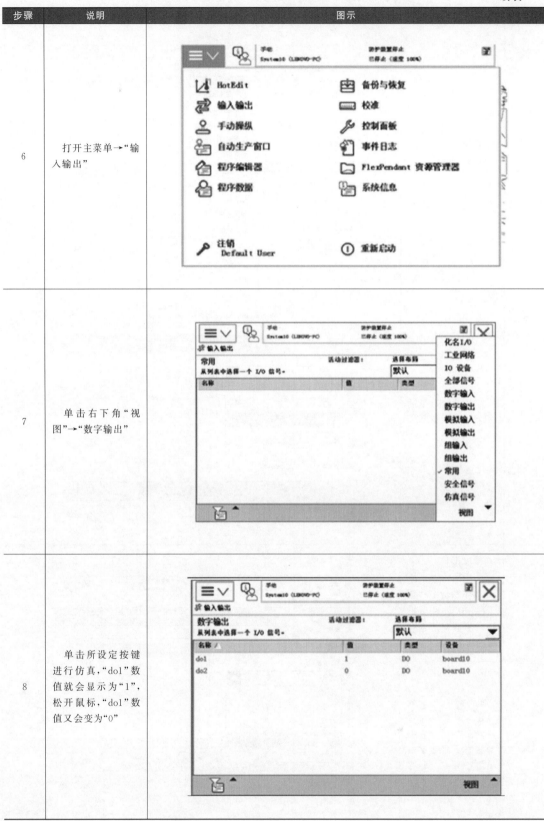
7	单击右下角"视图"→"数字输出"	
8	单击所设定按键进行仿真,"do1"数值就会显示为"1",松开鼠标,"do1"数值又会变为"0"	

ABB 工业机器人支持 Profibus、Profinet、CCLink、EtherNet/IP 等多种通信方式，在硬件上可以使用工业机器人控制柜的 WAN、LAN、SERVICE（服务）等通信接口，也可以使用 DSQC667、DSQC688、DSQC6378B、DSQC669 等适配器模块。

1.3.1　ABB 机器人与西门子 PLC 的 Profibus 通信

（1）主站与从站设置

Profibus 是过程现场总线（Process Field Bus）的缩写。Profibus 的传输速度在 9.6kb/s~12Mb/s 之间。在同一总线网络中，每个部件的节点地址必须不同，通信波特率必须一致。ABB 机器人需要有 "840-2 PROFIBUS Anybus Device" 选项，才能作为从站进行 Profibus 通信，如图 1-11 所示。

以西门子 S7-300 的 PLC 做主站、ABB 机器人做从站为例介绍 Profibus 通信。ABB 机器人通过 DSQC667 模块与 PLC 通信，如图 1-11~图 1-14 所示。

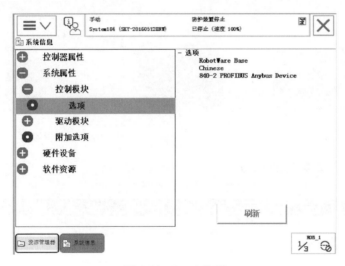

图 1-11　840-2 选项

图 1-12　DSQC667 模块

Profibus 电缆为专用的屏蔽双绞线，外层为紫色，如图 1-15 所示。编织网防护层主要防止低频干扰，金属箔片层为防止高频干扰。有红绿两根信号线，红色线接总线连接器的第 8 引脚，绿色线接总线连接器的第 3 引脚。总线两端必须以终端电阻结束，终端电阻的作用是吸收网络反射波，有效增强信号强度。即第一个和最后一个总线连接器开关必须拨到ON，接入 220Ω 的终端电阻，其余总线连接器拨到 OFF，如图 1-16 所示。

图 1-13　DSQC667 模块接口

图 1-14　PLC

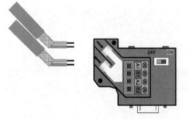

图 1-15　屏蔽双绞线

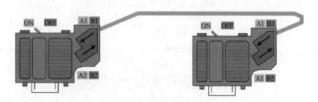

图 1-16　开关位置

（2）　PLC 软件安装（表 1-22）

表 1-22　PLC 软件安装

步骤	操作	图示
1	打开博途软件包的文件夹，找到安装程序的 .exe 文件并双击	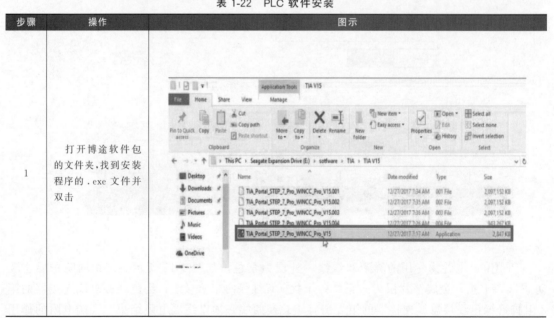

工业机器人操作与运维自学·考证·上岗一本通（中级）

步骤	操作	图示
2	弹出图示正在初始化的画面，等待初始化完成	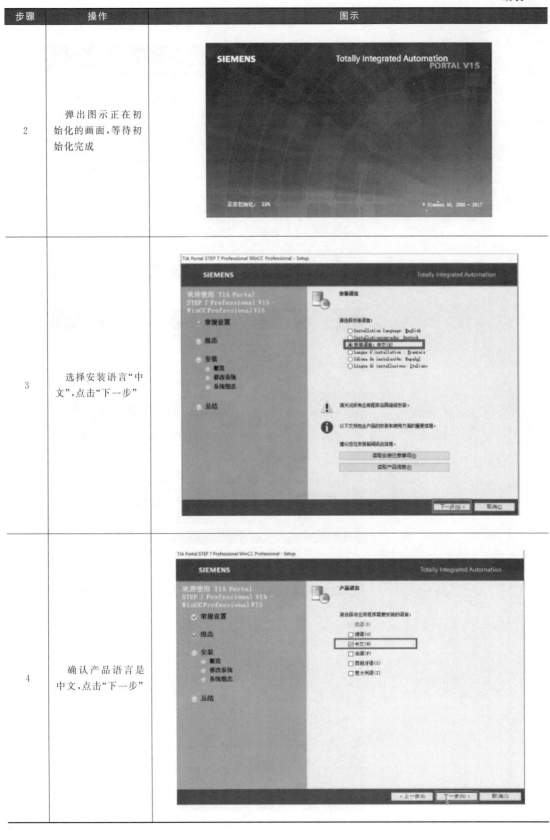
3	选择安装语言"中文"，点击"下一步"	
4	确认产品语言是中文，点击"下一步"	

第1章 工业机器人通信

步骤	操作	图示
5	选择"典型",点击"下一步"	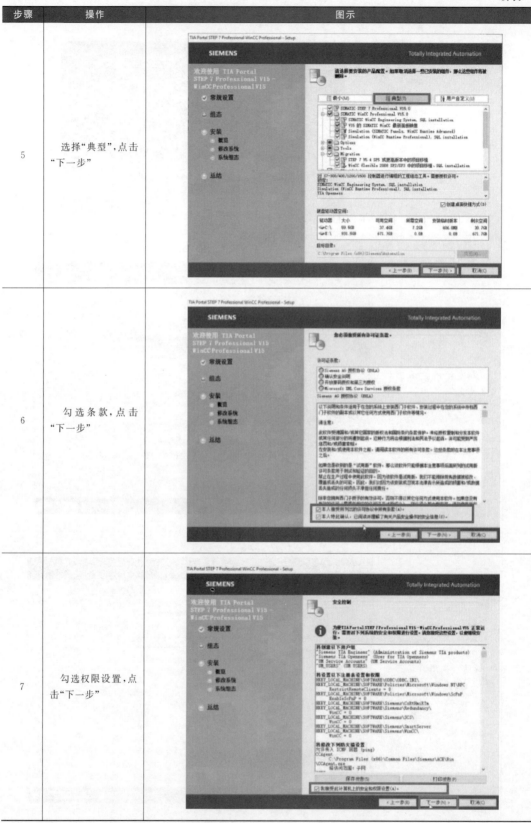
6	勾选条款,点击"下一步"	
7	勾选权限设置,点击"下一步"	

步骤	操作	图示
8	点击"安装"	
9	如果安装过程中未找到许可密钥,则可将其传送到 PC 中。如果跳过许可密钥传送,稍后可通过 Automation License Manager	
10	安装结束,点击"重新启动",重启计算机,完成安装	

（3） PLC 程序下载（表 1-23）

表 1-23　PLC 程序下载步骤

序号	操作
1	使用以太网线缆连接计算机和 PLC
2	修改 PC 的 IP 地址,将其设置为与 PLC 在同一网段(设置最后位的数值不同)
3	打开电路板装配 PLC 程序的项目文件,点击"下载"
4	搜索 PLC 设备,选择程序所需下载到的 PLC 设备并点击"下载"。根据信息提示对话框,完成 PLC 程序的下载

（4） ABB 工业机器人配置 Profibus

在表 1-24 中给机器人配置 Profibus 地址，本例为 8，需要与 PLC 中配置的机器人 Profibus 地址一致。

表 1-24　机器人配置 Profibus 地址

参数名称	设定值	说明
Name	PROFIBUS_Anybus	总线网络
Identification Label	PROFIBUS_Anybus Network	识别标签
Address	8	总线地址

在表 1-25 中设置机器人端 Profibus 通信的输入输出字节大小。这里设置为 "4"，一个字节包含 8 位信号，表示本台 ABB 机器人与 PLC 通信支持 32 个数字输入信号和 32 个数字输出信号。该参数允许设置的最大值为 64，即最多支持 512 个数字输入信号和 512 个数字输出信号，工业机器人端相关的设定操作见表 1-26。

表 1-25　输入输出字节

参数名称	设定值	说明
Name	PB_Internal_Anybus	板卡名称
Network	PROFIBUS_Anybus	总线网络
VendorName	ABB Robotics	供应商名称
ProductName	PROFIBUS Internal Anybus Device	产品名称
Label		标签
InputSize(bytes)	4	输入大小(字节)
OutputSize(bytes)	4	输出大小(字节)

表 1-26　相关的设定操作

步骤	说明	图示
1	单击左上角主菜单按钮	
2	选择"控制面板"	

工业机器人操作与运维自学·考证·上岗一本通（中级）

步骤	说明	图示
3	选择"配置"	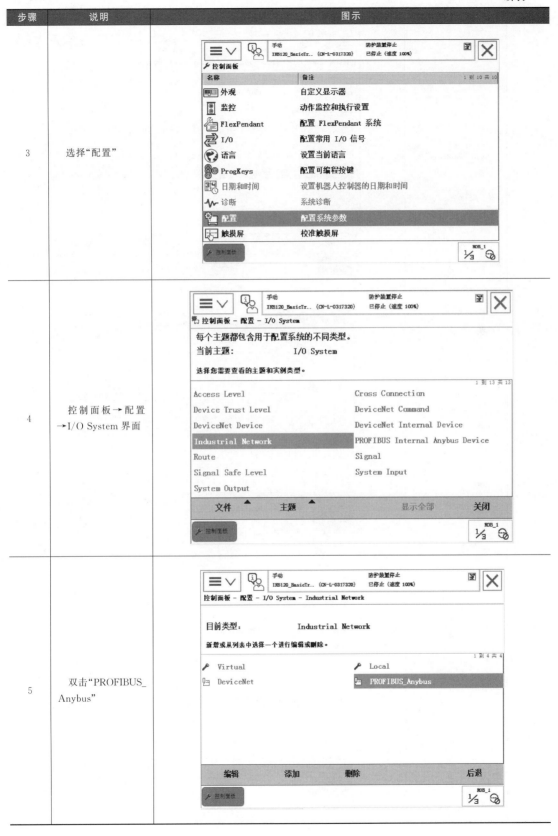
4	控制面板→配置→I/O System 界面	
5	双击"PROFIBUS_Anybus"	

步骤	说明	图示
6	双击"Address"	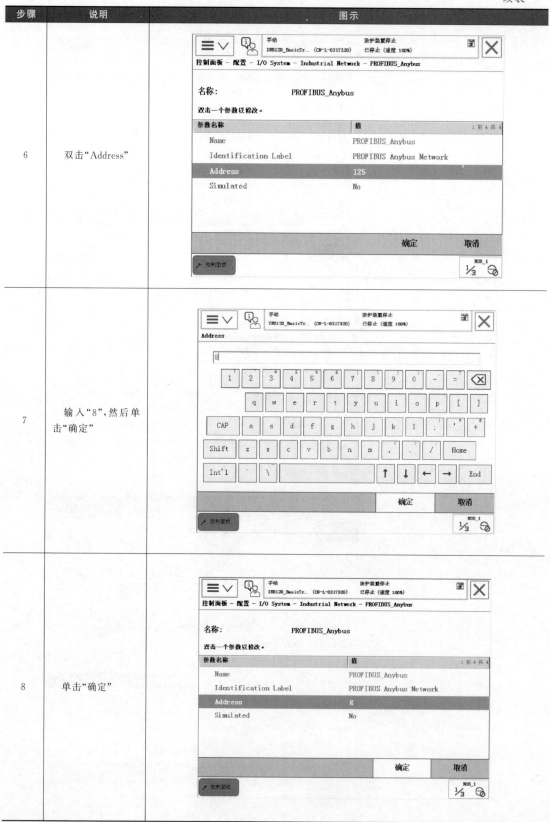
7	输入"8",然后单击"确定"	
8	单击"确定"	

步骤	说明	图示
9	单击"否",待所有参数设定完毕再重启	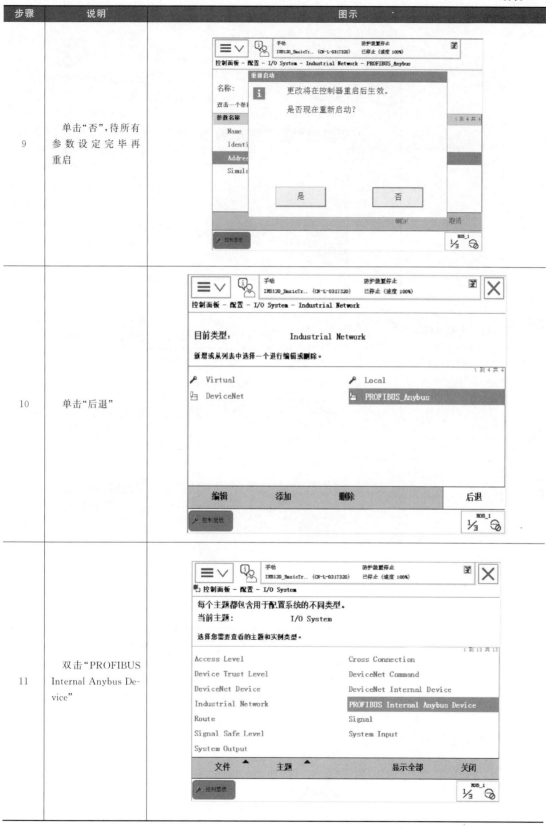
10	单击"后退"	
11	双击"PROFIBUS Internal Anybus Device"	

步骤	说明	图示
12	双击"PB_Internal_Anybus"	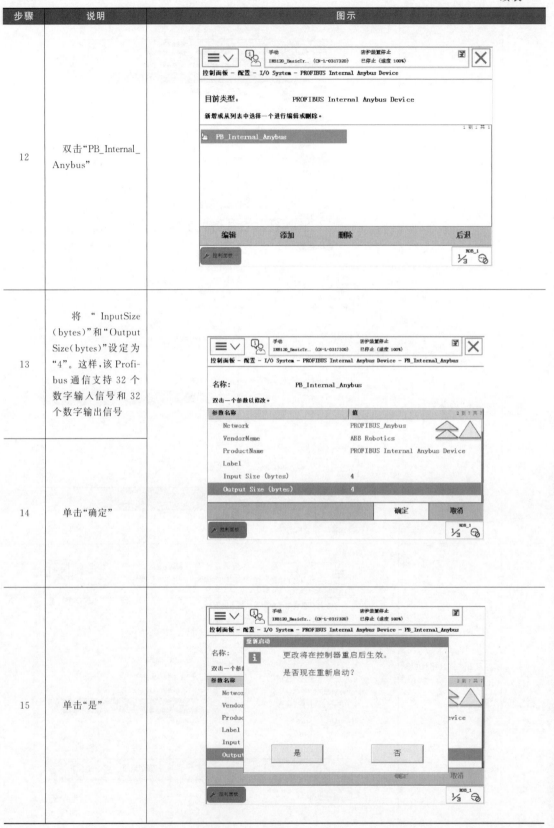
13	将"InputSize（bytes）"和"Output Size（bytes）"设定为"4"。这样，该Profibus通信支持32个数字输入信号和32个数字输出信号	
14	单击"确定"	
15	单击"是"	

步骤	说明	图示
16	基于 Profibus 设定信号的方法和 ABB 标准 I/O 板上设定信号的方法基本一样。要注意的区别就是在"Assigned to Device"中选择"PB_Internal_Anybus"	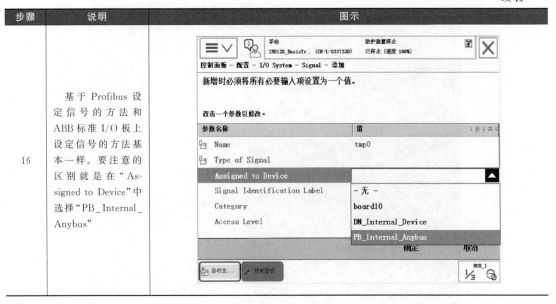

（5）PLC 配置

TIA 博途是西门子推出的面向工业自动化领域的新一代工程软件平台，主要包括三个部分：SIMATIC STEP7、SIMATIC WinCC、SIMATIC StartDrive。

1）PLC 配置前的准备工作

首先需要将 ABB 机器人的 DSQC667 配置文件（即 GSD 文件）安装到 PLC 组态软件中。

① 选择"FlexPendant 资源管理器"，如图 1-17 所示。

ABB 的 GSD 文件保存路径如下：PRODUCTS/RobotWare_6XX/utility/service/GSD，如图 1-18 所示。找到 GSD 下的 HMS_1811.gsd 文件。

图 1-17　资源管理器　　　　　　　　　　　　图 1-18　GSD 文件

② 使用 U 盘将 HMS_1811.gsd 复制出来，保存到电脑中。

2）创建项目

打开 TIA 博途软件，选择"启动"，单击"创建新项目"，在"项目名称"输入创建的项目名称（本例为项目3），单击"创建"按钮，如图 1-19、图 1-20 所示。

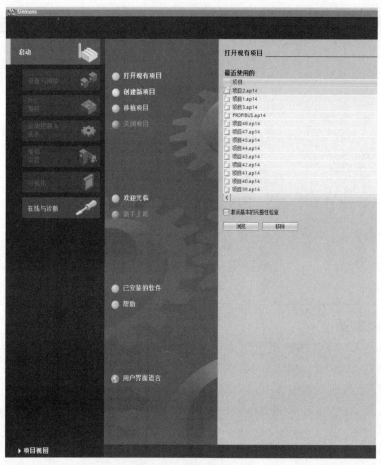

图 1-19 创建新项目

创建新项目

项目名称：　项目3

路径：　C:\Users\Administrator\Desktop

版本：　V14 SP1

作者：　Administrator

注释：

图 1-20 项目名称

3）安装 GSD 文件

当博途软件需要配置第三方设备进行 Profibus 通信时（例如和 ABB 机器人通信），需要安装第三方设备的 GSD 文件。

工业机器人操作与运维自学·考证·上岗一本通（中级）

项目视图中单击"选项",选择"管理通用站描述文件（GSD）"命令,选中 hms _ 1811.gsd,单击"安装",将 ABB 机器人的 GSD 文件安装到博途软件中,如图 1-21、图 1-22 所示。

图 1-21　选择 GSD

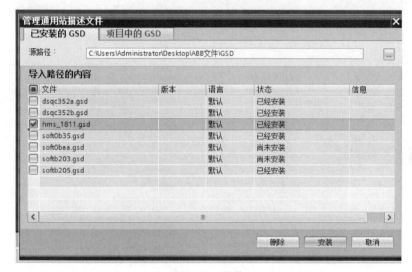

图 1-22　安装

4）添加 PLC

单击"添加新设备",选择"控制器",本例选择 SIMATIC S7-300 中的 CPU 314C-2 PN/DP,选择订货号 6ES7 314-6EH04-0AB0,版本 V3.3,注意订货号和版本号要与实际的 PLC 一致,单击"确定",打开设备视图,如图 1-23～图 1-25 所示。

5）添加 ABB 工业机器人

"网络视图"中,依次选择"其他现场设备"→"PROFIBUS DP"→"常规"→"HMS In-dustrial Networks"→"Anybus-CC PROFIBUS DP-V1",将图标"Anybus-CC PROFIBUS DP-V1"拖入"网络视图"中。如图 1-26 所示。在"属性"中将"PROFIBUS 地址"设为"8",注意与 ABB 机器人示教器设置的地址相同,如图 1-27 所示。

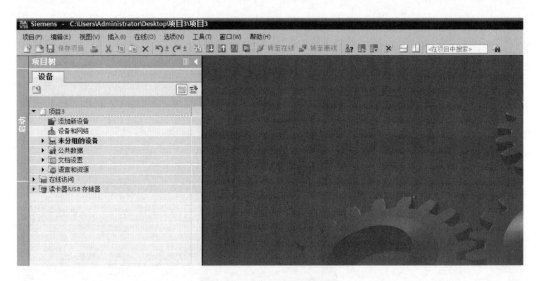

图 1-23　单击"添加新设备"

图 1-24　选择"控制器"

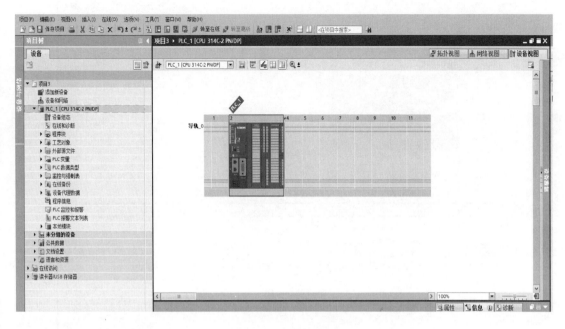

图 1-25　选择订货号

图 1-26　网络视图

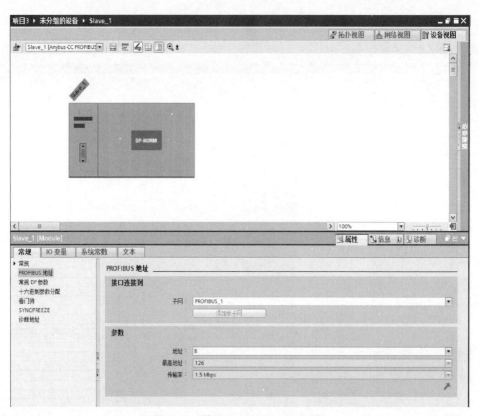

图 1-27 设置 "PROFIBUS 地址"

6) 设置 ABB 工业机器人通信输入信号

选择 "设备视图", 选择 "目录" 下的 "Input 1 byte", 连续输入 4 个字节, 包含 32 个输入信号, 与 ABB 机器人示教器设置的输出信号 do0~do31 相对应, 信号数量相同, 如图 1-28 所示。

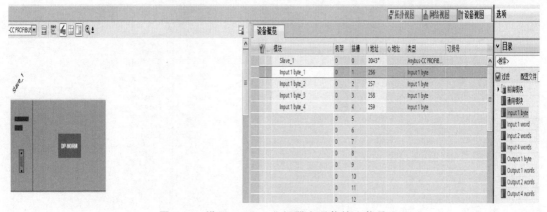

图 1-28 设置 ABB 工业机器人通信输入信号

7) 设置 ABB 工业机器人通信输出信号

选择 "设备视图", 选择 "目录" 下的 "Output 1 byte", 连续输出 4 个字节, 包含 32 个输出信号, 与 ABB 机器人示教器设置的输入信号 di0~di31 相对应, 信号数量相同, 如图 1-29 所示。

工业机器人操作与运维自学·考证·上岗一本通（中级）

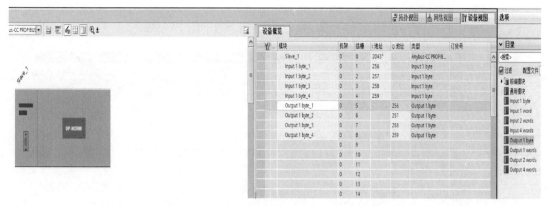

图 1-29　设置 ABB 工业机器人通信输出信号

8）建立 PLC 与 ABB 机器人 Profibus 通信

用鼠标点住 PLC 的粉色 Profibus DP 通信口，拖至"Anybus-CC PROFIBUS DP-V1"粉色 Profibus DP 通信口上，即建立起 PLC 和 ABB 机器人之间的 Profibus 通信连接，如图 1-30 所示。表 1-27 中机器人输出信号和 PLC 输入信号地址等效，机器人输入信号地址和 PLC 输出信号地址等效。例如 ABB 机器人中 Device Mapping 中为 0 的输出信号 do0 和 PLC 中的 I256.0 信号等效，Device Mapping 中为 0 的输入信号 di0 和 PLC 中的 Q256.0 信号等效，所谓信号等效是指它们同时通断。

图 1-30　建立 PLC 与 ABB 机器人 Profibus 通信

表 1-27　机器人输出信号和 PLC 输入信号地址

机器人输出信号地址	PLC 输入信号地址	机器人输入信号地址	PLC 输出信号地址
0,…,7 ←→PIB256		0,…,7 ←→ PQB256	
8,…,15 ←→ PIB257		8,…,15 ←→ PQB257	
16,…,23 ←→PIB258		16,…,23 ←→PQB258	
24,…,31 ←→PIB259		24,…,31 ←→PQB259	

（6）PLC 编程

博途软件中，选择"程序块"，在 OB1 编写程序，如图 1-31 所示。

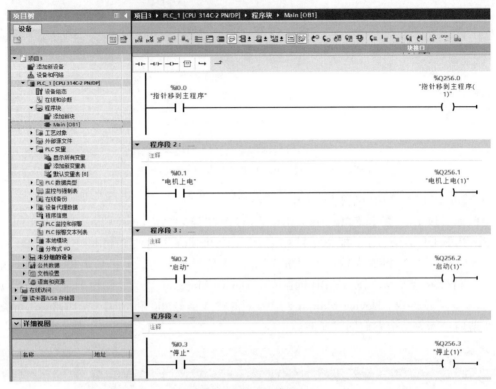

图 1-31　PLC 编程

PLC 中 I0.0 导通，Q256.0 得电，同时 ABB 工业机器人中的 di0 为 1，因为 di0 与 Start at Main 关联，则 ABB 机器人开始执行 main 主程序。

PLC 中 I0.1 导通，Q256.1 得电，同时 ABB 工业机器人中的 di1 为 1，因为 di1 与 Motors On 关联，则 ABB 机器人各关节电动机得电。

PLC 中 I0.2 导通，Q256.2 得电，同时 ABB 工业机器人中的 di2 为 1，因为 di2 与 Start 关联，则 ABB 工业机器人执行程序。

PLC 中 I0.3 导通，Q256.3 得电，同时 ABB 工业机器人中的 di3 为 1，因为 di3 与 Stop 关联，则 ABB 工业机器人停止执行程序。

1.3.2　ABB 机器人与西门子 PLC 的 Profinet 通信

Profinet 是 Process Field Net 的简称。Profinet 基于工业以太网技术，使用 TCP/IP 和 IT 标准，是一种实时以太网技术，基于设备名字寻址。也就是说，需要给设备分配名字和 IP 地址。

（1）ABB 工业机器人的选项

1）888-2 Profinet Controller/Device

该选项支持机器人同时作为 Controller/Device（控制器/设备），机器人不需要额外的硬件，可以直接使用控制器上的 LAN3 和 WAN 端口，如图 1-32 中的 X5 和 X6 端口。控制柜接口详细说明见表 1-28。

表 1-28　控制柜接口说明

标签	名称	作用
X2	Service Port	服务端口,IP 地址固定为 192.168.125.1,可以使用 RobotStudio 等软件连接
X3	LAN1	连接示教器
X4	LAN2	通常内部使用,如连接新的 I/O DSQC1030 等
X5	LAN3	可以配置为 Profinet/EtherNetIP/普通 TCP/IP 等通信端口
X6	WAN	可以配置为 Profinet/EtherNetIP/普通 TCP/IP 等通信端口
X7	PANEL UNIT	连接控制柜的安全板
X9	AXC	连接控制柜内的轴计算机

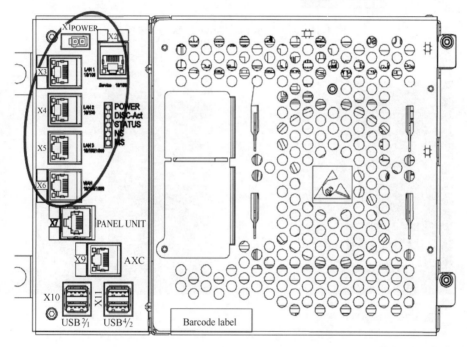

图 1-32　LAN3 和 WAN 端口

2）888-3 Profinet Device

该选项仅支持机器人作为 Device,机器人不需要额外的硬件。

3）840-3 Profinet Anybus Device

该选项仅支持机器人作为 Device,机器人需要额外的硬件 Profinet Anybus Device,如图 1-33 所示的 DSQC688。

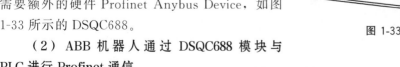

图 1-33　DSQC688

（2）ABB 机器人通过 DSQC688 模块与 PLC 进行 Profinet 通信

ABB 机器人需要有 840-3 Profinet Anybus Device 选项,才能作为设备通过 DSQC688 模块进行 Profinet 通信,如图 1-34 所示。硬件连接如图 1-35、图 1-36 所示。

第 1 章　工业机器人通信

图 1-34   840-3 Profinet Anybus Device 选项

图 1-35   DSQC688 模块

图 1-36   硬件连接

图 1-37   Profinet 通信

图 1-38   888-3 PROFINET Device 选项

（3）ABB 机器人通过 WAN 和 LAN3 网口进行 Profinet 通信

ABB 机器人需要有 888-3 PROFINET Device 或者 888-2 PROFINET Controller/Device 选项，才能通过 WAN 和 LAN3 网口进行 Profinet 通信，如图 1-37、图 1-38 所示。

1) ABB 机器人通过 WAN 和 LAN3 网口进行 Profinet 通信的配置

ABB 机器人通过 WAN 和 LAN3 网口进行 Profinet 通信配置的步骤如表 1-29 所示。

表 1-29　通信配置步骤

步骤	操作	图示
1	单击 ABB 主菜单，选择"控制面板"	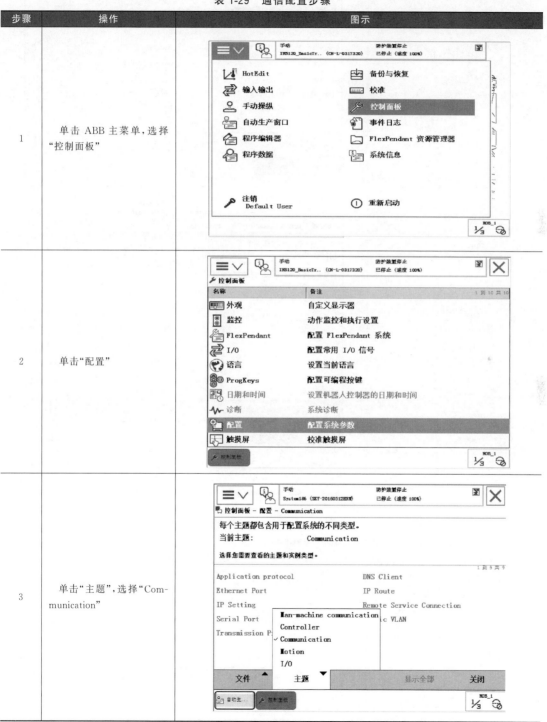
2	单击"配置"	
3	单击"主题"，选择"Communication"	

步骤	操作	图示
4	选择"IP Setting"	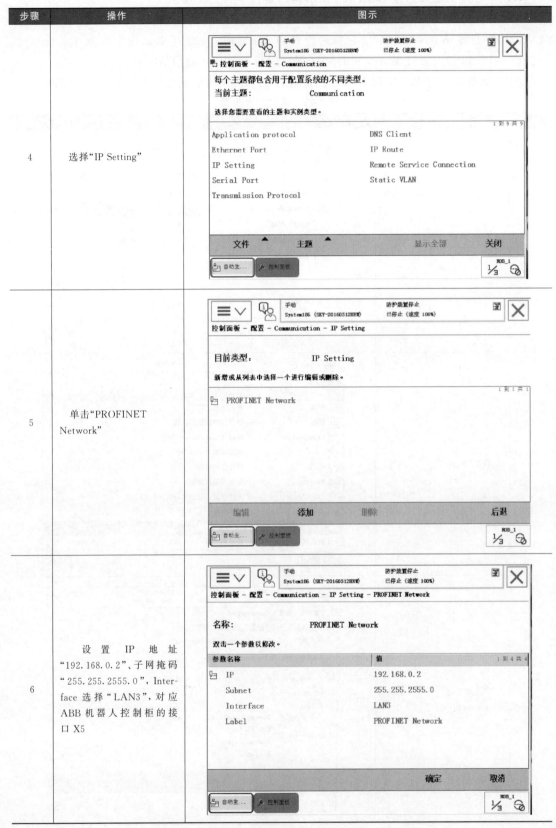
5	单击"PROFINET Network"	
6	设置 IP 地址 "192.168.0.2"、子网掩码 "255.255.2555.0"，Interface 选择"LAN3"，对应 ABB 机器人控制柜的接口 X5	

步骤	操作	图示
7	单击"主题",选择"I/O"	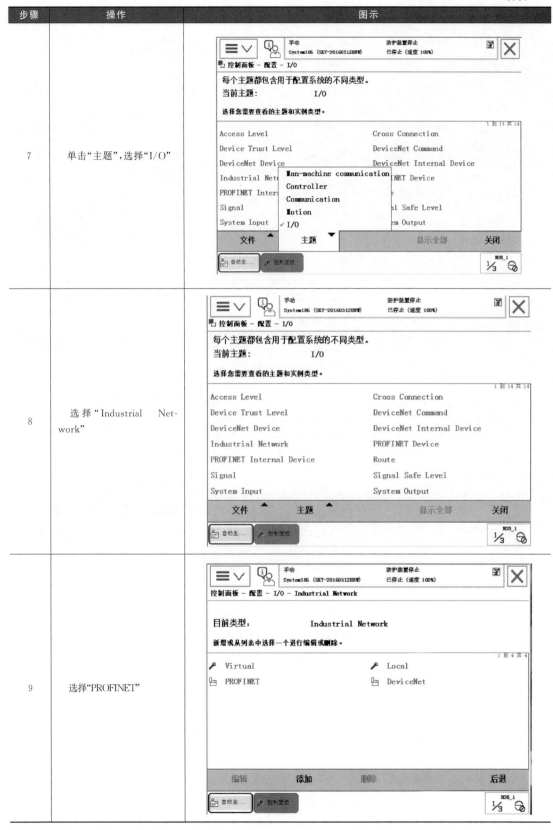
8	选择 "Industrial Network"	
9	选择"PROFINET"	

步骤	操作	图示
10	设置"PROFINET Station Name"的名字"abbplc",要与 PLC 中组态的名字一致	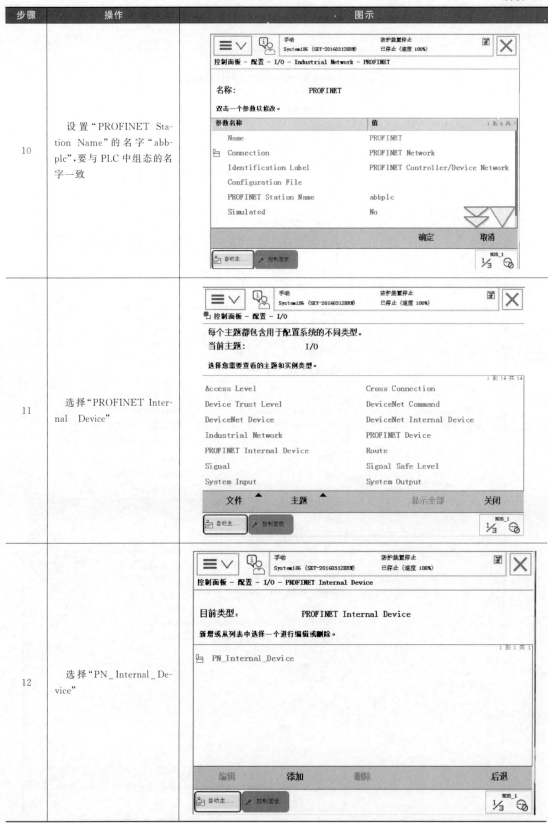
11	选择"PROFINET Internal Device"	
12	选择"PN_Internal_Device"	

步骤	操作	图示
13	选择"InputSize""OutputSize",设置需要的输入输出字节数,需要与PLC的一致,本例为8字节	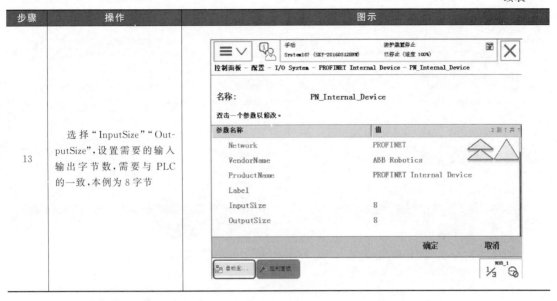

2）创建 Profinet 的 I/O 信号

根据需要创建 ABB 机器人的输入、输出信号,表 1-30 定义了一个输入信号 di0,表 1-31 定义了一个输出信号 do0。

表 1-30　定义输入信号

参数名称	设定值	说明
Name	di0	信号名称
Type of Signal	Digital Input	信号类型(数字输入信号)
Assign to Device	PN_Internal_Device	分配的设备
Device Mapping	0	信号地址

表 1-31　定义输出信号

参数名称	设定值	说明
Name	do0	信号名称
Type of Signal	Digital Output	信号类型(数字输出信号)
Assign to Device	PN_Internal_Device	分配的设备
Device Mapping	0	信号地址

创建 Profinet 的 I/O 信号步骤如下:

① 输入信号 di0:双击"Signal",单击"添加",输入"di0",双击"Type of Signal"选择"Digital Input",需要注意的是从"Assigned to Device"中选择"PN_Internal_ Device", "Device Mapping"设为 0,如图 1-39～图 1-41 所示。可以继续设置输入信号 di1～di63。

② 输出信号 do0:双击"Signal",单击"添加",输入"do0",双击"Type of Signal"选择"Digital Output",需要注意的是从"Assigned to Device"中选择"PN_Internal_ Device", "Device Mapping"设为 0,如图 1-42 所示。可以继续设置输入信号 do1～do63。

3）设置 ABB 工业机器人通信输入/输出信号

PLC 配置设置后,选择"设备视图",选择"目录"下的"DI 8 bytes",即输入 8 个字节,包含 64 个输入信号,与 ABB 机器人示教器设置的输出信号 do0～do63 对应。选择"目录"下的"DO 8 bytes",即输出 8 个字节,包含 64 个输出信号,与 ABB 机器人示教器设置的输入信号 di0～di63 对应。

图 1-39　双击"Signal"

图 1-40　单击"添加"

图 1-41　定义 di0

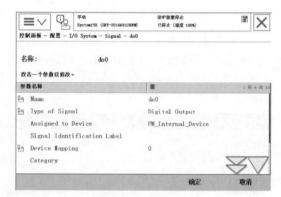

图 1-42　定义 do0

4)建立 PLC 与 ABB 机器人 Profinet 通信

用鼠标点住 PLC 的绿色 Profinet 通信口,拖至"IRC5 PNIO-Device"绿色 Profinet 通信口上,即建立起 PLC 和 ABB 机器人之间的 Profinet 通信连接,如图 1-43 所示。表 1-32

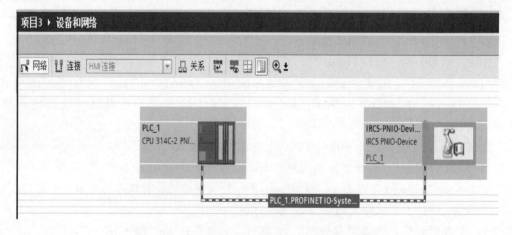

图 1-43　建立 PLC 与 ABB 机器人 Profinet 通信

中机器人输出信号和 PLC 输入信号地址等效，机器人输入信号地址和 PLC 输出信号地址等效。例如 ABB 机器人中 Device Mapping 中为 0 的输出信号 do0 和 PLC 中的 I256.0 信号等效，Device Mapping 中为 0 的输入信号 di0 和 PLC 中的 Q256.0 信号等效，所谓信号等效是指它们同时通断。

表 1-32　机器人输出信号和 PLC 输入信号地址

机器人输出信号地址	PLC 输入信号地址	机器人输入信号地址	PLC 输出信号地址
0,…,7←→PIB256		0,…,7←→PQB256	
8,…,15←→PIB257		8,…,15←→PQB257	
16,…,23←→PIB258		16,…,23←→PQB258	
24,…,31←→PIB259		24,…,31←→PQB259	
32,…,39←→PIB260		32,…,39←→PQB260	
40,…,47←→PIB261		40,…,47←→PQB261	
48,…,55←→PIB262		48,…,55←→PQB262	
56,…,63←→PIB263		56,…,63←→PQB263	

1.4　触摸屏的安装与调试

1.4.1　触摸屏的组成

在以 PLC 为核心的控制中，绝大多数情况都具有触摸屏或上位机，因为用 PLC 做控制时，主要处理的是一些模拟量，例如压力、温度、流量等，通过检测到的数值，根据相应条件控制设备上的元件，如电动阀、风机、水泵等。但这些数值不能从 PLC 上直接看到，想要看到这些数值，就要使用触摸屏或工控机（其实就是电脑），如图 1-44 所示。

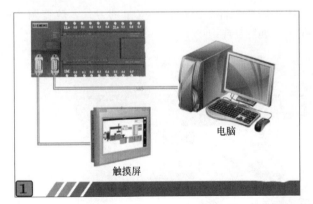

图 1-44　触摸屏的应用

一个基本的触摸屏是由通信接口单元、驱动单元、内存变量单元、显示单元四个主要组件组成的。在与 PLC 等终端连接后，可组成一个完整的监控系统。

1.4.2　触摸屏的设计原则

（1）主画面的设计

一般情况，可用欢迎画面或被控系统的主系统画面作为主画面，该画面可进入到各分画面。各分画面均能一步返回主画面，如图 1-45 所示。若是将被控主系统画面作为主画面，则应在画面中显示被控系统的一些主要参数，以便在此画面上对整个被控系统有大致的了解。在主画面中，可以使用按钮、图形、文本框、切换画面等控件，实现信息提示、画面切换等功能。

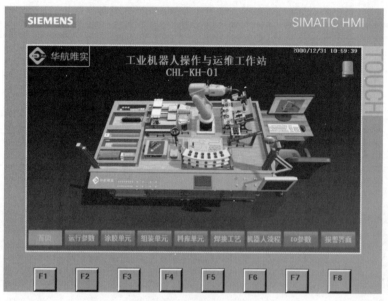

图 1-45　主画面的设计

（2）控制画面的设计

该画面主要用来控制被控设备的启停及显示 PLC 内部的参数，也可将 PLC 参数的设定做在其中。该种画面的数量在触摸屏画面中占的比例最大，其具体画面数量由实际被控设备决定。在控制画面中，可以通过图形控件、按钮控件、采用连接变量的方式，改变图形的显示形式，从而反映出被控对象的状态变化，如图 1-46 所示。

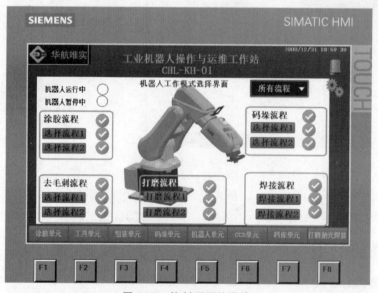

图 1-46　控制画面的设计

（3）参数设置页面的设计

该画面主要是对 PLC 的内部参数进行设定，同时还应显示参数设定完成的情况。实际制作时还应考虑加密的问题，限制闲散人员随意改动参数，对生产造成不必要的损失。在参数设置页面中，可以通过文本框、输入框等控件的使用，方便快捷地监控和修改设备的参数，如图 1-47 所示。

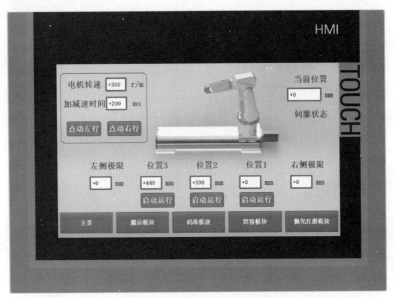

图 1-47　参数设置页面的设计

（4）实时趋势页面的设计

该画面主要是以曲线记录的形式来显示被控值、PLC 模拟量的主要工作参数（如输出变频器频率、温度曲线值）等的实时状态。在该画面中常常使用趋势图控件或者柱形图控件，将被测变量数值图形化，方便直观地观察待测参数的变化量，如图 1-48 所示。

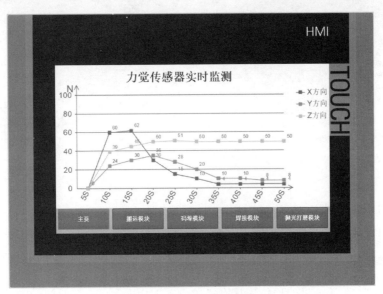

图 1-48　实时趋势页面的设计

1.4.3　硬件连接

（1）触摸屏的命名

以西门子触摸屏为例介绍之，西门子触摸屏命名规则如下。

示例：

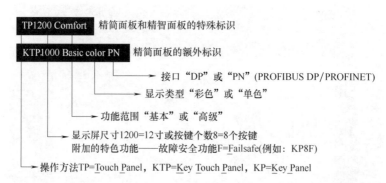

以 KTP700 BASIC 触摸屏为例介绍其硬件连接，名称为 KTP700 基本面板，参数为：SIMATIC HMI，KTP700 BASIC，基本面板，按键操作与触控操作，7″TFT 显示屏，65536 色，Profinet 接口。

（2）硬件连接

其硬件连接较为简单，现介绍之。

1）电缆

RS232/PPI 电缆如图 1-49 所示，USB/PPI 电缆如图 1-50 所示。

图 1-49　RS232/PPI 电缆：6ES7901-3CB30-OXAO

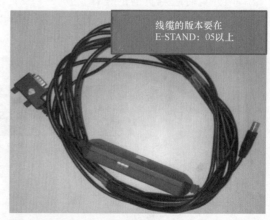

图 1-50　USB/PPI 电缆：6ES7901-3DB30-OXAO

2）连接

① 将控制器连接到 Basic Panel DP（图 1-51）。

② 将控制器连接到 Basic Panel PN （图 1-52）。

1.4.4　软件设置

触摸屏和 PLC、计算机的通信连接有 4 种方式。PPI 下载：在西门子的精简面板中，只适用于一代，即 KTP600。而 MPI 下载、DP 下载、以太网下载，在西门子的精简面板一代和二代（KTP700）都适用。以 DP 下载介绍之。

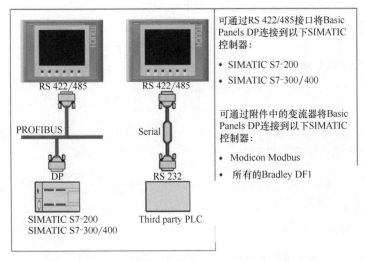

可通过RS 422/485接口将Basic Panels DP连接到以下SIMATIC控制器：

- SIMATIC S7-200
- SIMATIC S7-300/400

可通过附件中的变流器将Basic Panels DP连接到以下SIMATIC控制器：

- Modicon Modbus
- 所有的Bradley DF1

图 1-51　将控制器连接到 Basic Panel DP

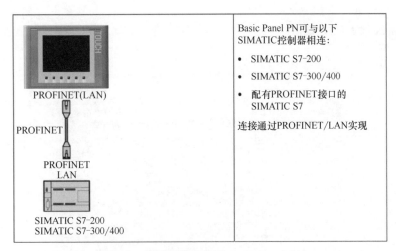

Basic Panel PN可与以下SIMATIC控制器相连：

- SIMATIC S7-200
- SIMATIC S7-300/400
- 配有PROFINET接口的SIMATIC S7

连接通过PROFINET/LAN实现

图 1-52　将控制器连接到 Basic Panel PN

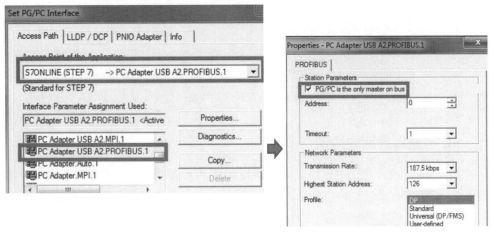

图 1-53　参数设置

（1）电脑设置（以 PC adapter USB 2 适配器为例）

与 MPI 的下载方式比较，不同的部分如下：

① 触摸屏控制面板的 Network interface 参数设置，将 Profile 选为 DP；

② 组态电脑 PG/PC interface 的参数设置如图 1-53 所示。

（2） WinCC（TIA 博途）软件设置

与 MPI 的下载方式比较，不同的部分如下：

在属性窗口中设计的参数（图 1-54）→点击 Properties＞添加新子网→双击项目树"网络和设备"→选中 KTP700 的 MPI 连线→设置参数（图 1-55）→选中项目树中的 KTP700 DP→菜单在线→下载到设备＞设置参数（图 1-56）→编译→下载。

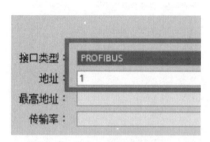

图 1-54　属性设置

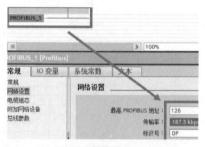

图 1-55　设置 MPI 参数

图 1-56　设置设备参数

1.4.5　PC 与触摸屏间的通信

通过在线模拟功能，PC 可以由以太网撷取触摸屏上的数据，并保存在电脑上。假设电脑欲通信的设备为两台触摸屏（HMI A 与触摸屏 B），则电脑端所使用工程文件的设定步骤如下。

① 设定各台触摸屏的 IP 地址，假设触摸屏 A 为 192.168.1.1，HMI B 为 192.168.1.2，如

图 1-57 所示。

② 从"系统参数设置"→"设备列表"中，新增两台远程 HMI，分别为触摸屏 A（IP：192.168.1.1）与触摸屏 B（IP：192.168.1.2），如图 1-57 所示。

图 1-57　系统参数设置设备

③ 设定一个位状态设置元件，在"PLC 名称"中选择"HMI A"，即可控制远程触摸屏 A 的地址。同样的方式也可用于 HMI B，如图 1-58 所示。

图 1-58　设定一个位状态设置元件

工业机器人
在线编程与操作

2.1 工业机器人编程语言简介

2.1.1 机器人编程语言的类型

机器人语言尽管有很多分类方法，但根据作业描述水平的高低，通常可分为三级。

（1）动作级编程语言

动作级语言是以机器人的运动作为描述中心，通常由指挥夹手从一个位置移到另一个位置的一系列命令组成。动作级语言的每一个命令（指令）对应于一个动作。如可以定义机器人的运动序列（MOVE），基本语句形式为：MOVE TO（destination）。

动作级语言的代表是 VAL 语言，它的语句比较简单，易于编程。动作级语言的缺点是不能进行复杂的数学运算，不能接收复杂的传感器信息，仅能接收传感器的开关信号，并且和其他计算机的通信能力很差。VAL 语言不提供浮点数或字符串，而且子程序不含自变量。

动作级编程又可分为关节级编程和终端执行器级编程两种。

① 关节级编程　关节级编程程序给出机器人各关节位移的时间序列。这种程序可以用汇编语言、简单的编程指令实现，也可通过示教盒示教或键入示教实现。

关节级编程是一种在关节坐标系中工作的初级编程方法，用于直角坐标型机器人和圆柱坐标型机器人编程尚较为简便，但用于关节型机器人，即使完成简单的作业，也首先要做运动综合才能编程，整个编程过程很不方便。

② 终端执行器级编程　终端执行器级编程是一种在作业空间内直角坐标系里工作的编程方法。

终端执行器级编程程序给出机器人终端执行器的位姿和辅助机能的时间序列，包括力觉、触觉、视觉等机能以及作业用量、作业工具的选定等。这种语言的指令由系统软件解释执行，可提供简单的条件分支，可应用子程序，并提供较强的感受处理功能和工具使用功能，这类语言有的还具有并行功能。

（2）对象级编程语言

对象级语言解决了动作级语言的不足，它是描述操作物体间关系使机器人动作的语言，即是以描述操作物体之间的关系为中心的语言，这类语言有 AML、AUTOPASS 等。

AUTOPASS 是一种用于在计算机控制下进行机械零件装配的自动编程系统，这一编程系统面对作业对象及装配操作而不直接面对装配机器人的运动。

（3）任务级编程语言

任务级语言是比较高级的机器人语言，这类语言允许使用者对工作任务所要求达到的目标直接下命令，不需要规定机器人所做的每一个动作的细节。只要按某种原则给出最初的环境模型和最终工作状态，机器人可自动进行推理、计算，最后自动生成机器人的动作。任务级语言的概念类似于人工智能中程序自动生成的概念。任务级机器人编程系统能够自动执行许多规划任务。

2.1.2 示教编程器

工业机器人编程主要有两种方式：一是在线编程，也叫示教编程；二是离线编程。示教编程器（简称示教器）是由电子系统或计算机系统执行的，用来注册和存储机械运动或处理记忆的设备，是工业机器人控制系统的主要组成部分，其设计与研发均由各厂家自行实现。

用机器人代替人进行作业时，必须预先对机器人发出指示，规定机器人应该完成的动作和作业的具体内容，这个过程就称为对机器人的示教或对机器人的编程。对机器人的示教有不同的方法。要想让机器人实现人们所期望的动作，必须赋予机器人各种信息，首先是机器人动作顺序的信息及外部设备的协调信息，其次是机器人工作时的附加条件信息，再次是机器人的位置和姿态信息。前两个方面很大程度上是与机器人要完成的工作以及相关的工艺要求有关，位置和姿态的示教通常是机器人示教的重点。

示教再现，也称为直接示教，就是我们通常所说的手把手示教，即由人直接扳动机器人的手臂对机器人进行示教，如示教编程器示教或操作杆示教等。在这种示教中，为了示教方便以及快捷而准确地获取信息，操作者可以选择在不同坐标系下进行。示教再现是机器人普遍采用的编程方式，典型的示教过程是依靠操作员观察机器人及其夹持工具相对于作业对象的位姿，通过对示教编程器的操作，反复调整示教点处机器人的作业位姿、运动参数和工艺参数，然后将满足作业要求的这些数据记录下来，再转入下一点的示教。整个示教过程结束后，机器人在实际运行时，将使用这些被记录的数据，经过插补运算，就可以再现在示教点上记录的机器人位姿。

（1）种类

1）主从式

第二次世界大战期间，由于核工业和军事工业的发展，美国原子能委员会的阿尔贡研究所研制了"遥控机械手"，用于代替人生产和处理放射性材料。1948 年，这种较简单的机械装置被改进，开发出了机械式的主从机械手（见图 2-1）。它由两个结构相似的机械手组成，主机械手在控制室，从机械手在有辐射的作业现场，两者之间有透明的防辐射墙相隔。操作者用手操纵主机械手，控制系统会自动检测主机械手的运动状态，并控制从机械手跟随主机

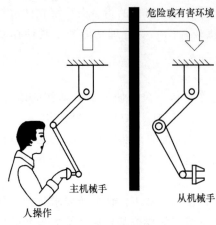

危险或有害环境

主机械手

人操作

从机械手

图2-1 主从机械手

械手运动，从而解决对放射性材料的远距离操作问题。这种被称为主从控制的机器人控制方式，至今仍在很多场合中应用。

2）直接示教

直接示教就是操作者操纵安装在机器人手臂内的操纵杆，按规定动作顺序示教动作内容。主要用于示教再现型机器人，通过引导或其他方式，先教会机器人动作，输入工作程序，机器人则自动重复进行作业。

直接示教是一项成熟的技术，易于被熟悉工作任务的人员所掌握，而且用简单的设备和控制装置即可进行。示教过程进行得很快，示教过后即可应用。在某些系统中，还可以用与示教时不同的速度再现。

如果能够从一个运输装置获得使机器人的操作与搬运装置同步的信号，就可以用示教的方法来解决机器人与搬运装置配合的问题。

直接示教方式编程也有一些缺点：只能在人所能达到的速度下工作；难以与传感器的信息相配合；不能用于某些危险的情况；在操作大型机器人时，这种方法不实用；难以获得高速度和直线运动；难以与其他操作同步。

3）示教盒示教

示教盒示教则是操作者利用示教控制盒上的按钮驱动机器人一步一步运动。它主要用于数控型机器人，不必使机器人动作，通过数值、语言等对机器人进行示教，利用装在控制盒上的按钮可以驱动机器人按需要的顺序进行操作。机器人根据示教后形成的程序进行作业。

（2）示教再现操作方法

示教再现过程分为示教前准备、示教、再现前准备、再现四个阶段。如图2-2所示。

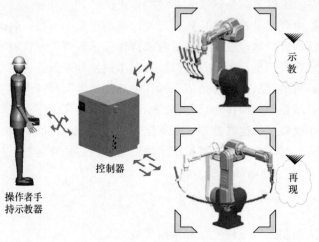

操作者手持示教器

控制器

示教

再现

图2-2 工业机器人的在线示教

1）示教前准备

① 接通主电源。把控制柜的主电源开关扳转到接通的位置，接通主电源并进入系统。

② 选择示教模式。示教模式分为手动模式和自动模式，示教阶段选择手动模式。

③ 接通伺服电源。

2）示教

① 创建示教文件。在示教器上创建一个未曾示教过的文件名称，用于储存后面的示教文件。

② 示教点的设置。示教作业是一种工作程序，它表示机械手将要执行的任务。

③ 保存示教文件。

3）再现前准备

① 选择示教文件。选择已经示教好的文件，并将光标移到程序开头。

② 回初始位置。手动操作机器人移到步骤1位置。

③ 示教路径确认。在手动模式下，使工业机器人沿着示教路径执行一个循环，确保示教运行路径正确。

④ 选择再现模式。示教模式选择为自动模式。

⑤ 接通伺服电源。

4）再现

设置好再现循环次数，确保没有人在机器人的工作区域里。启动机器人自动运行模式，使得机器人按示教过的路径循环运行程序。

2.1.3 离线编程

（1）一般离线编程的组成

基于 CAD/CAM 的机器人离线编程示教，是利用计算机图形学的成果，建立起机器人及其工作环境的模型，使用某种机器人编程语言，通过对图形的操作和控制，离线计算和规划出机器人的作业轨迹，然后对编程的结果进行三维图形仿真，以检验编程的正确性。最后在确认无误后，生成机器人可执行代码，下载到机器人控制器中，用以控制机器人作业，如图 2-3 所示。

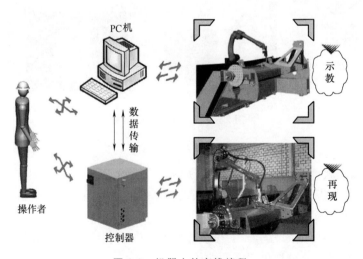

图 2-3　机器人的离线编程

离线编程系统主要由用户接口、机器人系统的三维几何构型、运动学计算、轨迹规划、三维图形动态仿真、通信接口和误差校正等部分组成。其相互关系如图 2-4 所示。

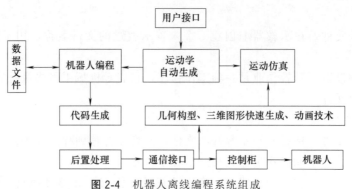

图 2-4　机器人离线编程系统组成

（2）基于虚拟现实的离线编程

随着计算机学及相关学科的发展，特别是机器人遥操作、虚拟现实、传感器信息处理等技术的进步，为准确、安全、高效的机器人示教提供了新的思路，尤其是为用户提供了一种崭新友好的人机交互操作环境的虚拟现实技术，引起了众多机器人与自动化领域学者的注意。这里，虚拟现实作为高端的人机接口，允许用户通过声、像、力以及图形等的多种交互设备实时地与虚拟环境交互，如图 2-5 所示。根据用户的指挥或动作提示，示教或监控机器人进行复杂的作业，例如瑞典的 ABB 研发的 RobotStudio 虚拟现实系统。

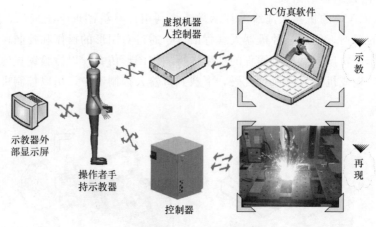

图 2-5　机器人的虚拟示教

注意：

① 在离线编程软件中，机器人和设备模型均为三维显示，可直观设置、观察机器人的位置、动作与干涉情况。在实际购买机器人设备之前，通过预先分析机器人工作站的配置情况，可使选型更加准确。

② 离线编程软件使用的力学、工程学等计算公式和实际机器人完全一致。因此，模拟精度很高，可准确无误地模拟机器人的动作。

③ 离线编程软件中的机器人设置、操作和实际机器人上的几乎完全相同，程序的编辑画面也与在线示教相同。

④ 利用离线编程软件做好的模拟动画可输出为视频格式，便于学习和交流。

（3）离线编程的基本步骤

离线编程的基本流程如图 2-6 所示，通过离线方式输入从 A 到 B 作业点程序，如图 2-7 所示。

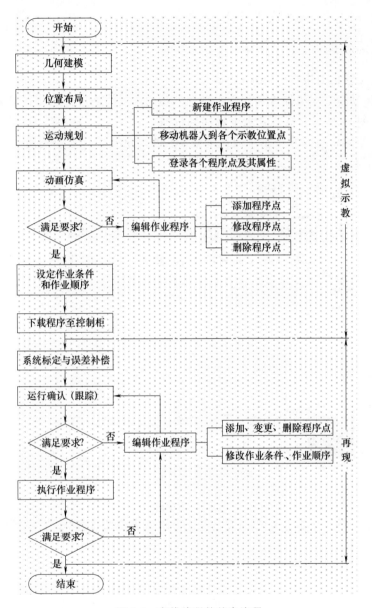

图 2-6　离线编程的基本流程

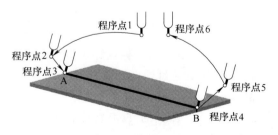

图 2-7　机器人运动轨迹

2.2 | 常用轨迹的编程

本节主要介绍工业机器人在线编程的指令和编程方法。

2.2.1 常用运动指令

（1）绝对位置运动指令（MoveAbsJ）

绝对位置运动指令是机器人使用六个轴和外轴的角度值来进行运动和定义目标位置数据的指令，MoveAbsJ常用于机器人六个轴回到机械零点（0°）的位置，如图2-8所示。指令解析见表2-1。当然，也有六个轴不回到机械零点的，比如搬运工业机器人可设置为第五轴为90°，其他轴为0°。

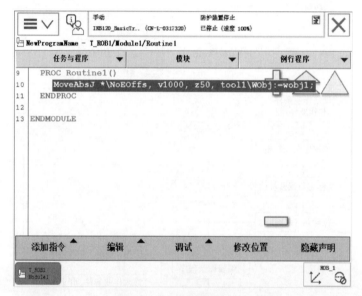

图 2-8　绝对位置运动指令

表 2-1　指令解析

序号	参数	定义
1	*	目标点名称，位置数据。也可进行定义，如定义为jpos10
2	\NoEOffs	外轴不带偏移数据
3	v1000	运动速度数据，1000m/s
4	z50	转弯区数据，转弯区的数值越大，机器人的动作越圆滑与流畅
5	tool1	工具坐标数据
6	wobj1	工件坐标数据

说明：运动指令后＋DO，其功能为到达目标点触发DO信号。如果有转弯数据z，则在转变中间点触发；如果z为fine，则到达目标点触发DO。

（2）线性运动指令（MoveL）

线性运动指令也称直线运动指令。工具的TCP按照设定的姿态从起点匀速移动到目标位置点，TCP运动路径是三维空间中 p_{10} 点到 p_{20} 点的直线运动，如图2-9所示。直线运动的起始点是前一运动指令的示教点，结束点是当前指令的示教点，运动特点如下。

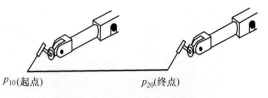

图 2-9　直线运动指令示例图

① 运动路径可预见。

② 在指定的坐标系中实现插补运动。

③ 机器人以线性方式运动至目标点，当前点与目标点两点决定一条直线，机器人运动状态可控，运动路径保持唯一，可能出现死点，常用于机器人在工作状态移动。

1）标准指令格式

MoveL[\Conc,]ToPoint,Speed[\V] [\T],Zone[\Z] [\Inpos],Tool[\Wobj] [\Corr];

指令格式说明：

① [\Conc,]：协作运动开关。

② ToPoint：目标点，默认为 *，也可进行定义。

③ Speed：运行速度数据。

④ [\V]：特殊运行速度 mm/s。

⑤ [\T]：运行时间控制 s。

⑥ Zone：运行转角数据。图 2-10 所示为 Zone 取不同数值时 TCP 点运行的轨迹。Zone 指机器人 TCP 不达到目标点，而是在距离目标点一定距离（通过编程确定，如 z10）处圆滑绕过目标点，即圆滑过渡，如图 2-10 中的 p_1 点。fine 指机器人 TCP 达到目标点（见图 2-10 中的 p_2 点），在目标点速度降为零。机器人动作有停顿，焊接编程结束时，必须用 fine 参数。

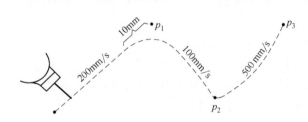

图 2-10　不同转弯半径时 TCP 轨迹示意图

⑦ [\Z]：特殊运行转角 mm。

⑧ [\Inpos]：运行停止点数据。

⑨ Tool：工具中心点（TCP）。根据机器人使用工具的不同，选择合适的工具坐标系。机器人示教时，要首先确定好工具坐标系。

⑩ [\Wobj]：工件坐标系。

⑪ [\Corr]：修正目标点开关。

例如：

MoveL p1,v2000,fine,grip1;

MoveL \Conc, p1,v2000,fine,grip1;

MoveL p1,v2000\V：=2200,z40\z：45,grip1;

MoveL p1,v2000,z40,grip1\Wobj：=wobjTable;

MoveL p1,v2000,fine\ Inpos：=inpos50, grip1;

MoveL p1,v2000,z40,grip1\corr;

2）常用指令格式

MoveL 直线运动指令的常用格式如图 2-11 所示。

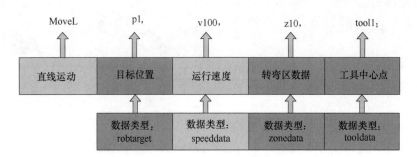

图 2-11　直线运动指令示意图

在图 2-11 中，MoveL 表示直线运动指令；p1 表示一个空间点，即直线运动的目标位置；v100 表示机器人运行速度为 100mm/s；z10 表示转弯半径为 10mm；tool1 表示选定的工具坐标系。

（3）关节运动指令（MoveJ）

程序一般起始点使用 MoveJ 指令。机器人将 TCP 沿最快速轨迹送到目标点，机器人的姿态会随意改变，TCP 路径不可预测。机器人最快速的运动轨迹通常不是最短的轨迹，因而关节轴运动不是直线。由于机器人轴的旋转运动，弧形轨迹会比直线轨迹更快。运动示意图如图 2-12 所示。运动特点如下。

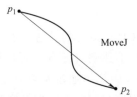

图 2-12　运动指令示意图

① 运动的具体过程是不可预见的。

② 六个轴同时启动并且同时停止。

③ 机器人以最快捷的方式运动至目标点，机器人运动状态不完全可控，但运动路径保持唯一，常用于机器人在空间大范围移动。

使用 MoveJ 指令可以使机器人的运动更加高效快速，也可以使机器人的运动更加柔和，但是关节轴运动轨迹是不可预见的，所以使用该指令务必确认机器人与周边设备不会发生碰撞。

1）标准指令格式

MoveJ[\Conc,]ToPoint,Speed[\V] [\T],Zone[\Z] [\Inpos],Tool[\Wobj];

指令格式说明：

① [\Conc,]：协作运动开关。

② ToPoint：目标点，默认为 *。

③ Speed：运行速度数据。

④ [\V]：特殊运行速度 mm/s。

⑤ [\T]：运行时间控制 s。

⑥ Zone：运行转角数据。

⑦ [\Z]：特殊运行转角 mm。

⑧ [\Inpos]：运行停止点数据。

⑨ Tool：工具中心点（TCP）。

⑩ [\Wobj]：工件坐标系。

例如：

```
MoveJ p1,v2000,fine,grip1;
MoveJ\Conc, p1,v2000,fine,grip1;
MoveJ p1,v2000\V:=2200,z40\z:45,grip1;
MoveJ p1,v2000,z40,grip1\Wobj:=wobjTable;
MoveJ\Conc, p1,v2000,fine\ Inpos:=inpos50, grip1;
```

2）常用指令格式

MoveJ 关节运动指令的说明如图 2-13 所示。

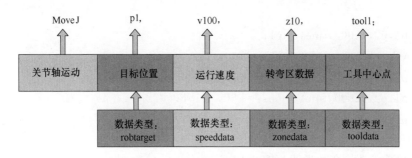

图 2-13　关节运动指令示意图

3）编程实例

根据如图 2-14 所示的运动轨迹，写出其关节指令程序。

图 2-14 所示的运动轨迹的指令程序如下：

```
MoveL p1,v200,z10,tool1;
MoveL p2,v100,fine,tool1;
MoveJ p3,v500,fine,tool1;
```

（4）圆弧运动指令（MoveC）

圆弧运动指令也称为圆弧插补运动指令。三点确定唯一圆弧，因此，圆弧运动需要示教三个圆弧运动点，起始点 p_1 是上一条运动指令的末端点，p_2 是中间辅助点，p_3 是圆弧终点，如图 2-15 所示。机器人通过中心点以圆弧移动方式运动至目标点，当前点、中间点与目标点三点决定一段圆弧，机器人运动状态可控，运动路径保持唯一，常用于机器人在工作状态移动。

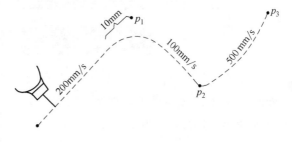

图 2-14　运动轨迹

1）标准指令格式

MoveC[\Conc,] CirPoint,ToPoint,Speed[\V] [\T],Zone[\Z] [\Inpos],Tool[\Wobj] [\Corr];

指令格式说明：

① [\Conc,]：协作运动开关。

② CirPoint：中间点默认为 * 。

③ ToPoint：目标点默认为 * 。

④ Speed：运行速度数据。

图 2-15　圆弧运动轨迹

⑤ [\V]：特殊运行速度 mm/s。

⑥ [\T]：运行时间控制 s。

⑦ Zone：运行转角数据。

⑧ [\Z]：特殊运行转角 mm。

⑨ [\Inpos]：运行停止点数据。

⑩ Tool：工具中心点（TCP）。

⑪ [\Wobj]：工件坐标系。

⑫ [\Corr]：修正目标点开关。

例如：

MoveC p1,p2,v2000,fine,grip1;

MoveC \Conc，p1,p2,v200，\V：=500,z1\zz：=5,grip1;

MoveC p1,p2,v2000,z40,grip1\Wobj：=wobjTable;

MoveC p1,p2,v2000,fine\ Inpos：= 50, grip1;

MoveC p1,p2,v2000, fine,grip1\corr;

2）常用指令格式

MoveC 圆弧运动指令的说明如图 2-16 所示。

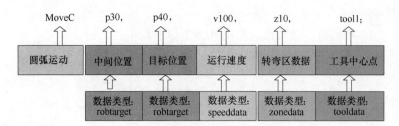

图 2-16　圆弧运动指令示意图

在图 2-16 中，MoveC 表示圆弧运动指令；p30 表示中间空间点；p40 为目标空间点；v100 表示机器人运行速度为 100mm/s；z10 表示转弯半径为 10mm；tool1 表示选定的工具坐标系。

3）限制

不可能通过一个 MoveC 指令完成一个圆，如图 2-17 所示。

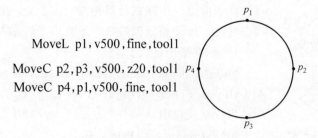

图 2-17　MoveC 指令的限制

4）Singarea

位置调整指令。可选变量 Wrist 允许改变工具的姿态；Off 不允许改变工具姿态。

注意：只对 MoveL 和 MoveC 有效。

实例：

Singarea Wrist；

MoveL……；

MoveC……；

Singarea Off；

2.2.2 FUNCTION 功能

（1）Offs：工件坐标系偏移功能

以选定的目标点为基准，沿着选定工件坐标系的 X、Y、Z 轴方向偏移一定的距离，格式如下。

例如：MoveL Offs(p10,0,0,10),v1000,z50,tool0\Wobj：=wobj1；

将机器人 TCP 移动至以 p_{10} 为基准点，沿着 wobj1 的 Z 轴正方向偏移 10mm 的位置。

（2）RelTool：工具坐标系偏移功能

RelTool 同样为偏移指令，而且可以设置角度偏移，但其参考的坐标系为工具坐标系，如：

MoveL RelTool (p10,0,0,10\Rx：=0\Ry：=0\Rz=45),v1000,z50,tool1；

则机器人 TCP 移动至以 p10 为基准点，沿着 tool1 坐标系 Z 轴正方向偏移 10mm 的位置，且 TCP 沿着 tool1 坐标系 Z 轴旋转 45°。

（3）Abs: 取绝对值

"Abs" 函数的作用是取绝对值反馈一个参变量。如对操作数 reg5 进行取绝对值的操作，然后将结果赋予 reg1，如图 2-18 所示。

图 2-18　取绝对值

（4）矩形轨迹的编程

要使机器人沿长 100mm、宽 50mm 的长方形路径运动，机器人的运动路径如图 2-19 所

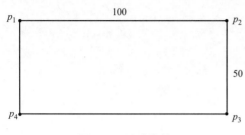

图 2-19　运动路径

示，机器人从起始点 p_1，经过 p_2、p_3、p_4 点，回到起始点 p_1。

为了精确确定 p_1、p_2、p_3、p_4 点，可以采用 Offs 函数，通过确定参变量的方法进行点的精确定位。Offs（p_1，x，y，z）代表一个离 p_1 点 X 轴偏差量为 x，Y 轴偏差量为 y，Z 轴偏差量为 z 的点。

机器人长方形路径的程序如下：

"……

```
MoveL Offsp1,V100,fine,tool1;                          p1点
MoveL Offs(p1,100,0,0),V100,fine,tool1;                p2点
MoveL Offs(p1,100,50,0),V100,fine,tool1;               p3点
MoveL Offs(p1,0,50,0),V100,fine,tool1;                 p4点
MoveL Offsp1,V100,fine,tool1;                          p1点
```

……"。

（5）圆形轨迹的编程

如图 2-20 所示的一个整圆路径，要求 TCP 点沿圆心为 p 点，半径为 80mm 的圆运动一周。

其示教程序如下：

"……

```
MoveJ   p,v500,z1,tool1;
MoveJ   offs(p,80,0,0),v500,z1,tool1;
MoveC   offs(p,40,40,0),offs(p,0,80,0),v500,z1,tool1;
MoveC   offs(p,40,−40,0),offs(p,0,−80,0),v500,z1,tool1;
MoveC   offs(p,−40,−40,0),offs(p,0,−80,0),v500,z1,tool1;
MoveC   offs(p,−40,40,0),offs(p,0,80,0),v500,z1,tool1;
MoveJ   p,v500,z1,tool1;"。
```

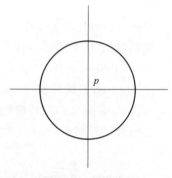

图 2-20　整圆路径

2.2.3　简单运算指令

（1）赋值指令

"：＝"赋值指令用于对程序数据进行赋值，赋值可以是一个常量或数学表达式。

例如，常量赋值 reg1：＝5；数学表达式赋值 reg2：＝reg1＋4。

（2）相加指令 Add

格式：Add 表达式 1，表达式 2。

作用：将表达式 1 与表达式 2 的值相加后赋值给表达式 1，相当于赋值指令。即：表达式 1：＝表达式 1＋表达式 2。

例如：

Add reg1，3；等价于 reg1：＝reg1＋3；

Add reg1，-reg2；等价于 reg1：=reg1-reg2。

（3）自增指令 Incr

格式：Incr 表达式 1。

作用：将表达式 1 的值自增 1 后赋给表达式 1。即：

表达式 1：=表达式 1+1。

例如：

Incr reg1；等价于 reg1：=reg1+1。

（4）自减指令 Decr

格式：Decr 表达式 1。

作用：将表达式 1 的值自减 1 后赋值给表达式 1。即：

表达式 1：=表达式 1-1。

例如：

Decr reg1；等价于 reg1：=reg1-1。

（5）清零指令 Clear

格式：Clear 表达式 1。

作用：将表达式 1 的值清零。即：

表达式 1：=0。

例如：

Clear reg1；等价于 reg1：=0。

2.2.4 ABB 机器人基本运动指令的操作

ABB 机器人基本运动指令的操作都较为相似，以关节运动指令为例介绍之，其操作见表 2-2。

表 2-2 插入 MoveJ 指令的操作步骤

操作说明	操作界面
1. 在 ABB 主菜单中选择"手动操纵"，确认关键参数（坐标系、工具坐标、工件坐标等）设置是否正确，确认无误后关闭页面	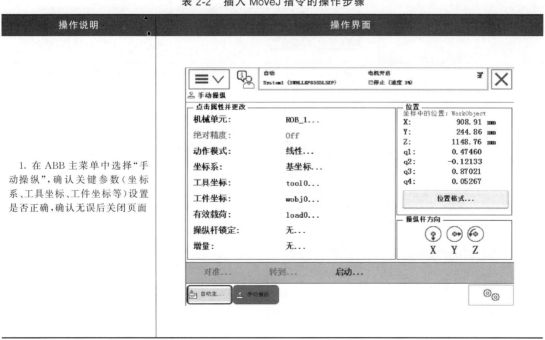

操作说明	操作界面
2. 在 ABB 主菜单中单击"程序编辑器"	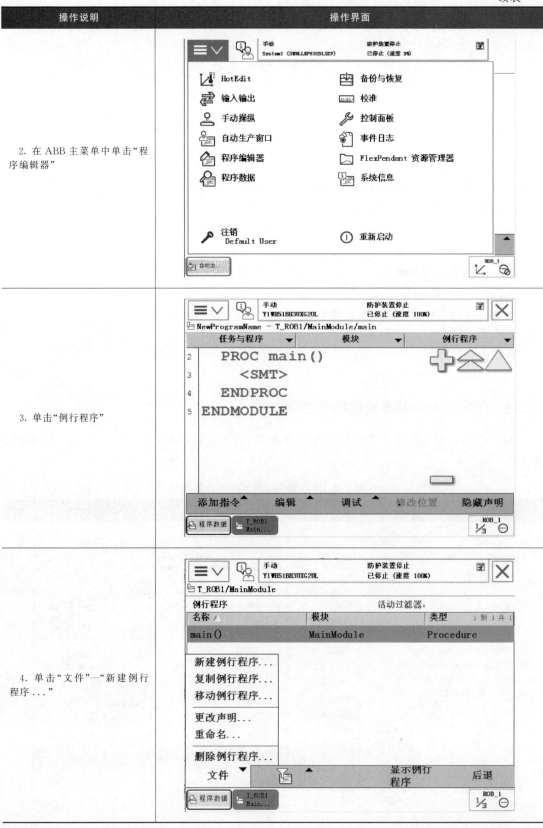
3. 单击"例行程序"	
4. 单击"文件"—"新建例行程序..."	

操作说明	操作界面
5. 单击"ABC...",命名新程序"tiaoshi",单击"确定"	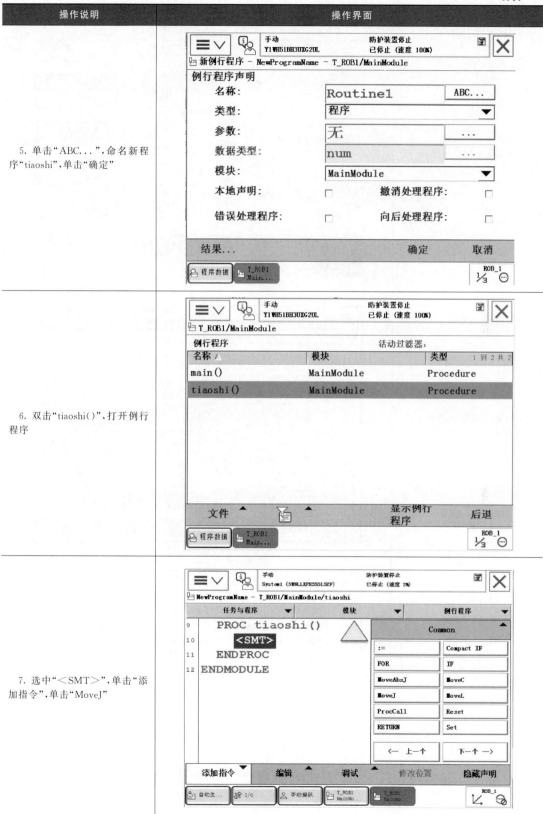
6. 双击"tiaoshi( )",打开例行程序	
7. 选中"＜SMT＞",单击"添加指令",单击"MoveJ"	

075

操作说明	操作界面
8. 选择"＊",然后单击"编辑",单击"ABC…"	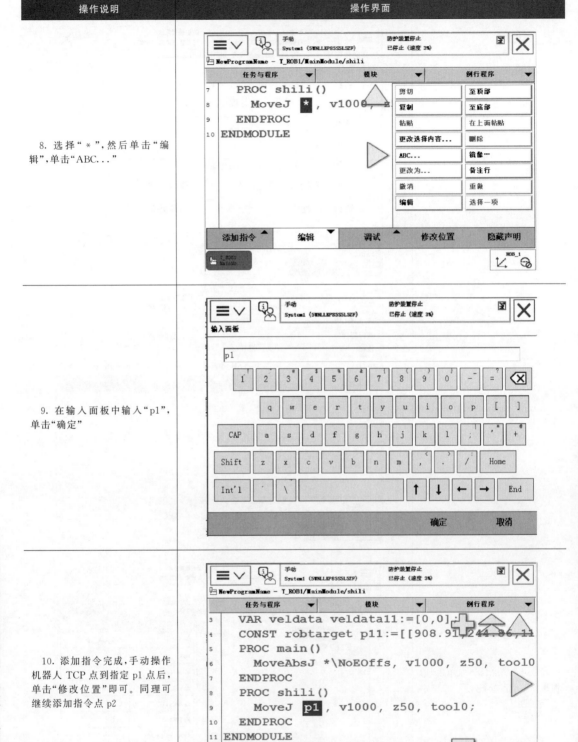
9. 在输入面板中输入"p1",单击"确定"	
10. 添加指令完成,手动操作机器人 TCP 点到指定 p1 点后,单击"修改位置"即可。同理可继续添加指令点 p2	

工业机器人操作与运维自学·考证·上岗一本通(中级)

操作说明	操作界面
11. 在这里需要说明的是,当一段路径编辑完毕,最后一个空间点的转弯半径必须选择 fine。具体操作为:在最后一个空间点语句中双击"z50"	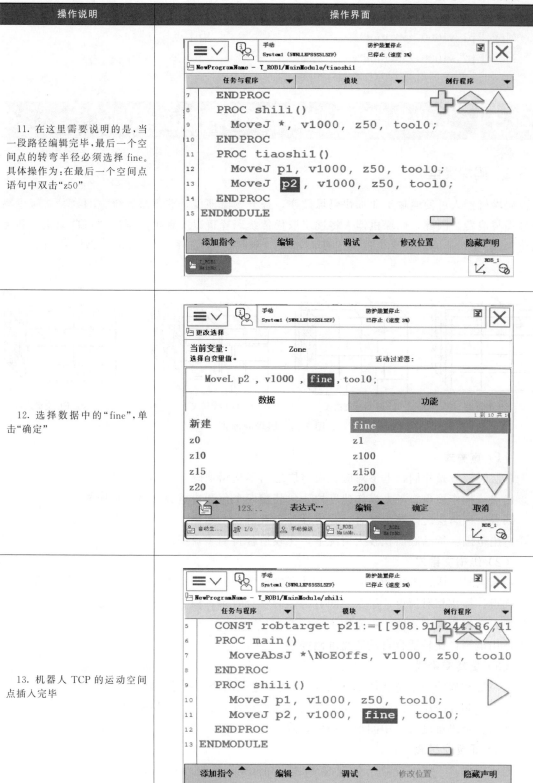
12. 选择数据中的"fine",单击"确定"	
13. 机器人 TCP 的运动空间点插入完毕	

插入 MoveJ 指令的程序如下：

"……

MoveJ p1，v1000，z50，tool0；   p1 点

MoveJ p2，v1000，z50，tool0；   p2 点

……"。

2.3 工业机器人码垛与装配程序的编制

2.3.1 码垛类型

码垛机器人可使运输工业加快码垛效率，提升物流速度，获得整齐统一的物垛，减少物料破损与浪费。因此，码垛机器人将逐步取代传统码垛机以实现生产制造"新自动化、新无人化"，码垛行业亦因码垛机器人出现而步入"新起点"。如图 2-21 所示，码垛有如下常见的几种形式。

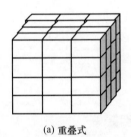
(a) 重叠式

(b) 纵横交错式

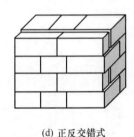
(c) 旋转交错式

(d) 正反交错式

图 2-21　码垛的形式

（1）重叠式

各层码放方式相同，上下对应，层与层之间不交错堆码。

优点：操作简单，工人操作速度快，包装物四个角和边重叠垂直，承压能力大。

缺点：层与层之间缺少咬合，稳定性差，容易发生塌垛。

适用范围：货品底面积较大情况下，比较适合自动装盘操作。

（2）纵横交错式

相邻两层货品的摆放旋转 90°，一层为横向放置，另一层为纵向放置，层次之间交错堆码。

优点：操作相对简单，层次之间有一定的咬合效果，稳定性比重叠式好。

缺点：咬合强度不够，稳定性不够好。

适用范围：比较适合自动装盘堆码操作。

（3）旋转交错式

第一层相邻的两个包装体都互为 90°，两层之间的堆码相差 180°。

优点：相邻两层之间咬合交叉，托盘货品稳定性较高，不容易塌垛。

缺点：堆码难度大，中间形成空穴，降低托盘承载能力。

（4）正反交错式

同一层中，不同列货品以 90°垂直码放，相邻两层货物码放形式旋转 180°。

优点：该堆码方式不同层间咬合强度较高，相邻层次之间不重缝，稳定性较高。

缺点：操作较麻烦，人工操作速度慢。

2.3.2 常用 I/O 指令

I/O 控制指令用于控制 I/O 信号，以达到与机器人周边设备进行通信的目的。

（1）Set 指令

Set 指令是将数字输出信号置为 1。

例如：

Set Do1；

将数字输出信号 Do1 置为 1。

（2）Reset 指令

Reset 指令是将数字输出信号置为 0。

例如：

Reset Do1；

将数字输出信号 Do1 置为 0。

如果在 Set、Reset 指令前有运动指令 MoveJ、MoveL、MoveC、MoveAbsj 的转变区数据，必须使用 fine 才可以准确到达目标点后输出 I/O 信号状态的变化。

（3）I/O 信号与虚拟 I/O 信号

1）置反与脉冲输出指令

① InvertDo：置反指令。

格式：InvertDo 信号名；

功能：将 Do 信号置反，0 变 1，1 变 0。

② PulseDo：脉冲输出指令。

格式：PulseDo 脉冲长度信号名；

功能：输出数字脉冲信号。

注：脉冲长度为 0.1～32s，可选变量 high 输出脉冲时，输出信号可以处在高电平。

2）虚拟 I/O 信号

虚拟 I/O 板：虚拟 I/O 板起到信号之间的关联与过渡作用，并不具备真实的信号输入输出功能，其原理类似 PLC 的虚拟继电器，常用在 I/O 的逻辑控制（Cross Connection）中。

虚拟 I/O 板是下挂在 Virtual 总线下的，每一块虚拟 I/O 板的输入输出信号占用的地址都为 0～511，共 512 个地址。虚拟 I/O 板的配置方法与配置真实的 I/O 板相同，Virtual 表示虚拟。创建虚拟 I/O 信号的方法与创建真实 I/O 信号相同。

2.3.3 等待指令

（1）WaitTime

WaitTime 是指等待指定时间（s）。

例如：

WaitTime 0.8；

程序运行到此处暂时停止 0.8s 后继续执行。

（2）WaitUntil 指令

指令作用：等待条件成立，并可设置最大等待时间以及超时标识。

应用举例：WaitUntil reg1＝5\MaxTime：＝6\TimeFlag：＝bool1；

执行结果：等待数值型数据 reg1 变为 5，最大等待时间为 6s，若超时则 bool1 被赋值为 TRUE，程序继续执行下一条指令；若不设最大等待时间，则指令一直等待直至条件成立。

WaitUntil 信号判断指令，可用于布尔量、数字量和 I/O 信号值的判断，如果条件达到指令中的设定值，程序继续往下执行，否则就一直等待，除非设定了最大等待时间。

（3）WaitDI 指令

WaitDI 指令的功能是等待一个输入信号状态为设定值。

例如：

WaitDI Di1,1；

等待数字输入信号 Di1 为 1，之后才执行下面命令。

也可设置最大等待时间以及超时标识。

应用举例：WaitDI di1,1\MaxTime：=5\TimeFlag：=bool1；

执行结果：等待数字输入信号 di1 变为 1，最大等待时间为 5s，若超时则 bool1 被赋值为 TRUE，程序继续执行下一条指令；若不设最大等待时间，则指令一直等待直至信号变为指定数值。

说明：

WaitDI Di1,1；等同于 WaitUntil Di1＝1；另外，WaitUntil 应用更为广泛，其等待的后面条件为 TRUE 才继续执行，如：

WaitUntil bRead＝False；

WaitUntil num1＝1；

（4）WaitDO 指令

WaitDO 数字输出信号判断指令用于判断数字输出信号的值是否与目标一致。

指令格式为 WaitDO do1,1；

执行此指令时，等待 do1 的值为 1，如果 do1 为 1，则程序继续往下执行；如果到达最大等待时间（如 300s，此时间可根据实际进行设定）以后，do1 的值还不为 1，则机器人报警或进行出错处理程序。

2.3.4 常用逻辑控制指令

（1）IF 指令

图 2-22 条件判断指令

IF 指令的功能是满足不同条件，执行对应程序。

例如：

IF reg1＞5THEN

Set do1；

END IF

如果 reg1＞5 条件满足，则执行 Set do1 指令。

IF 条件判断指令，就是根据不同的条件去执行不同的指令。条件判定的条件数量可以根据实际情况进行增加与减少。如图 2-22 所示，如果 num1 为 1，则 flag1 会赋值为 TRUE；如果 num1 为 2，则 flag1 会赋值为 FALSE。除了以上两种条件之外，则执行 do1 置位为 1。

（2）Compact IF 紧凑型条件判断指令

Compact IF 紧凑型条件判断指令用于当一个条件满足了以后，就执行一句指令。

指令格式：

IF flag1＝TRUE Set do1

如果 IF flag1 的状态为 TRUE，则 do1 被置位为 1。

（3）FOR 指令

FOR 指令的功能是根据指定的次数，重复执行对应程序。

例如：

FOR i FROM 1 TO 10 DO

routine1；

END FOR

重复执行 10 次 routine1 里的程序。

说明：FOR 指令后面跟的是循环计数值，其不用在程序数据中定义，每次运行一遍 FOR 循环中的指令后会自动执行加 1 操作。

（4）WHILE 指令

WHILE 指令的功能是如果条件满足，则重复执行对应程序。

例如：

WHILE reg1＜reg2 DO

reg1：＝reg1＋1；

END WHILE

如果变量 reg1＜reg2 一直成立，则重复执行 reg1 加 1，直至 reg1＜reg2 条件不成立为止。

（5）TEST 指令

TEST 指令的功能是根据指定变量的判断结果，执行对应程序。TEST 指令传递的变量用作开关，根据变量值不同跳转到预定义的 CASE 指令，达到执行不同程序的目的。如果未找到预定义的 CASE 指令，会跳转到 DEFAULT 段（事先已定义）。

例如：

TEST   reg1

CASE   1；

routine1；

CASE   2；

routine2；

DEFAULT；

Stop；

END TEST

判断 reg1 数值，若为 1 则执行 routine1；若为 2 则执行 routine2；否则执行 Stop。

说明：在 CASE 指令中，若多种条件下执行同一操作，则可合并在同一 CASE 指令中。如：

TEST   reg1

```
CASE  1，2，3；
    routine1；
CASE  4；
    routine2；
DEFAULT；
    Stop；
END TEST
```

（6）GOTO 指令

GOTO 指令用于跳转到例行程序内标签的位置，配合 Label 指令（跳转标签）使用。在如下的 GOTO 指令应用实例中，执行 Routine1 程序过程中，当判断条件 di1＝1 时，程序指针会跳转到带跳转标签 rHome 的位置，开始执行 Routine2 的程序。

```
MODULE Module1
PROC Routine1（）
rHome：    跳转标签 Label 的位置
Routine2；
IF di1＝1 THEN
GOTO rHome；
END IF
END PROC
PROC Routine2（）
MoveJ p10，V1000，  z50，  tool0；
END PROC
END MODULE
```

2.3.5 其他常用指令

（1）TriggL：运动触发指令

指令作用：在线性运动过程中，在指定位置准确地触发事件，如图 2-23 所示。机器人 TCP 在朝向 p_1 点运动过程中，在距离 p_1 点前 10mm 处，且再提前 0.1s，则将 doGripOn 置为 1。

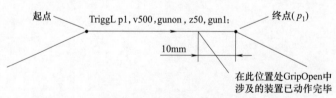

图 2-23 运动触发指令实例

```
VAR triggdata GripOpen；
TriggEquip GripOpen，10，0.1 \DOp：＝doGripOn，1；
TriggL p1，v500，GripOpen，z50，tGripper；
```

（2）CRobT 功能

CRobT 功能是读取当前机器人目标点位置数据。

工业机器人操作与运维自学 · 考证 · 上岗一本通（中级）

例如：

PERS robtarget p10；

p10：=CRobT(\Tool：=tool1\WObj：=wobj1)；

读取当前机器人目标点位置数据，指定工具数据为 tool1，工件坐标系数据为 wobj1（若不设定，则默认工具数据为 tool0），之后将读取的目标点数据赋值给 p10。

说明：CJointT 为读取当前机器人各关节轴度数的功能；程序数据 robotTarget 与 JointTarget 之间可以相互转换：

P1：= CalcRboT(jointpos1,tool1\WObj：=wobj1)；

将 JointTarget 转换为 robotTarget。

jointpos1：= CalcJointT(p1,tool1\WObj：=wobj1)；

将 robotTarget 转换为 JointTarget。

（3）调用指令

ProcCall 调用例行程序指令。

RETURN 返回例行程序指令。当此指令被执行时，则马上结束本例行程序的执行，返回程序指针到调用此例行程序的位置。

（4）注释行"！"

在语句前面加上"！"，则整行语句作为注释行不被程序执行。

例如：

！ Goto the Pick Position；

MoveL pPick,v1000,fine,tool1\WObj：=wobj1；

2.3.6 中断指令

执行程序时，如果发生紧急情况，机器人需要暂停执行原程序，转而跳到专门的程序中对紧急情况进行处理，处理完成后再返回到原程序暂停的地方继续执行。这种专门处理紧急情况的程序就是中断程序（TRAP），常用于出错处理、外部信号响应等实时响应要求较高的场合。

触发中断的指令只需要执行一次，一般在初始化程序中添加中断指令。

下面介绍几个常用的中断指令。

（1）IsignalDI：触发中断指令

格式：IsignalDI 信号名，信号值，中断标识符；

功能：启用时，中断程序被触发一次后失效；不启用时，中断功能持续有效，只有在程序重置或运行 IDelete 后才失效。

实例：

Main

Connect i1 with zhongduan；

IsignalDI di1,1,i1；

……

IDelete i1；

（2）IDelete：取消中断连接指令

功能：将中断标识符与中断程序的连接解除，如果需要再次使用该中断标识符需要重新用 Connect 连接，因此，要把 Connect 写在前面。

注意：在以下情况下，中断连接将自动清除。

① 重新载入新的程序。

② 程序被重置，即程序指针回到 main 程序的第一行。

③ 程序指针被移到任意一个例行程序的第一行。

（3）ITimer：定时中断指令

格式：ITimer［\single］定时时间，中断标识符；

功能：定时触发中断。single 是中断可选变量，用法和前述相同。

实例：

Connect i1 with zhongduan；

ITimer 13 i1：13s 之后触发 i1。

（4）ISleep：中断睡眠指令

格式：ISleep 中断标识符；

功能：使中断标识符暂时失效，直到 IWatch 指令恢复。

（5）IWatch：激活中断指令

格式：IWatch 中断标识符；

功能：将已经失效的中断标识符激活，与 ISleep 搭配使用。

实例：

Connect i1 with zhongduan；

IsignalDI di1，1，i1；

…（中断有效）

ISleep i1；

…（中断失效）

IWatch i1：

…（中断有效）

（6）IDisable：关闭中断指令

格式：IDisable；

功能：使中断功能暂时关闭，直到执行 IEnable 才进入中断处理程序，该指令用于机器人处于指令不希望被打断的操作期间。

（7）IEnable：打开中断

格式：IEnable；

功能：将被 IDisable 关闭的中断打开。

实例：

IDisable(暂时关闭所有中断)

…（所有中断失效）

IEnable(将所有中断打开)

…（所有中断恢复有效）

（8）中断程序的建立

现以对一个传感器的信号进行实时监控为例编写一个中断程序；在正常的情况下，di1 的信号为 0；如果 di1 的信号从 0 变为 1 的话，就对 reg1 数据进行加 1 的操作。其操作见表 2-3。

表 2-3　中断程序的建立

序号	说明	图示
1	单击左上角主菜单按钮	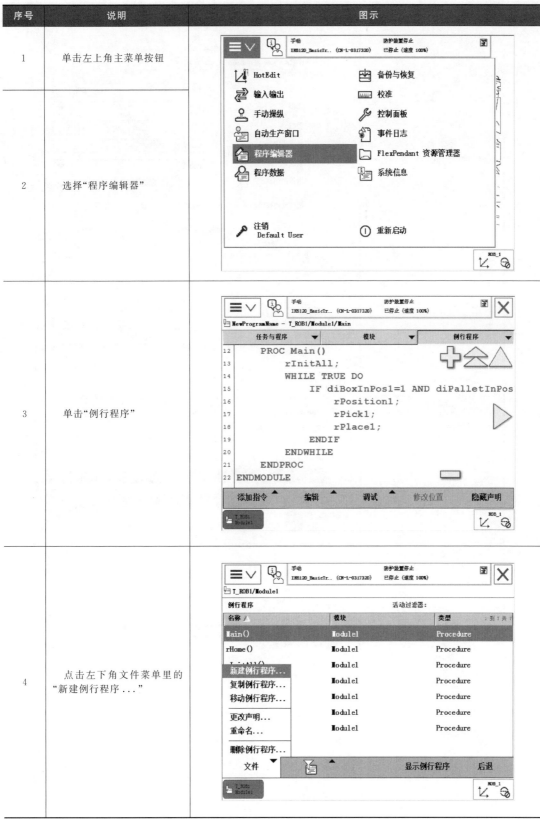
2	选择"程序编辑器"	
3	单击"例行程序"	
4	点击左下角文件菜单里的"新建例行程序..."	

序号	说明	图示
5	设定一个名称,在"类型"中选择"中断",然后点击"确定"	
6	选中刚新建的中断程序"tMonitorDI1",然后单击"显示例行程序"	
7	在中断程序中,添加如图所示的指令	
8	单击"例行程序"	

続表

序号	说明	图示
9	选中用于初始化处理的例行程序"rInitAll()",然后单击"显示例行程序"	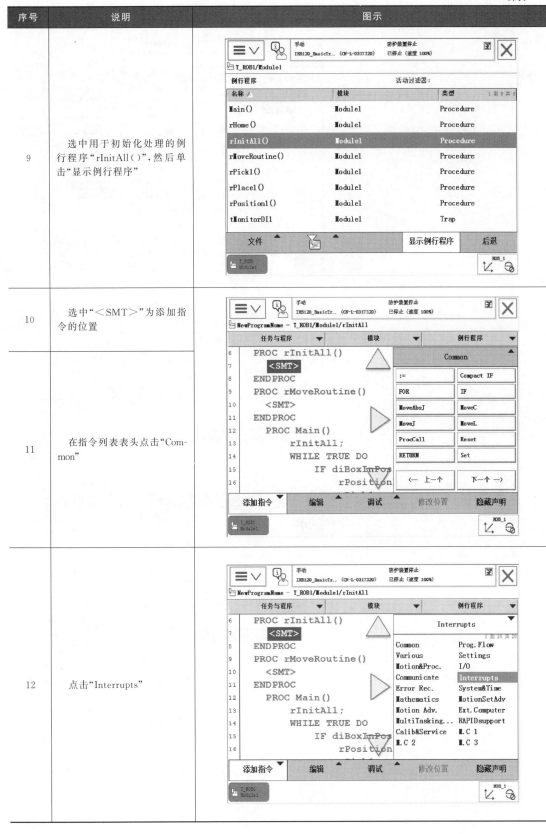
10	选中"<SMT>"为添加指令的位置	
11	在指令列表表头点击"Common"	
12	点击"Interrupts"	

第2章 工业机器人在线编程与操作

序号	说明	图示
13	在指令列表中选择"IDelete"	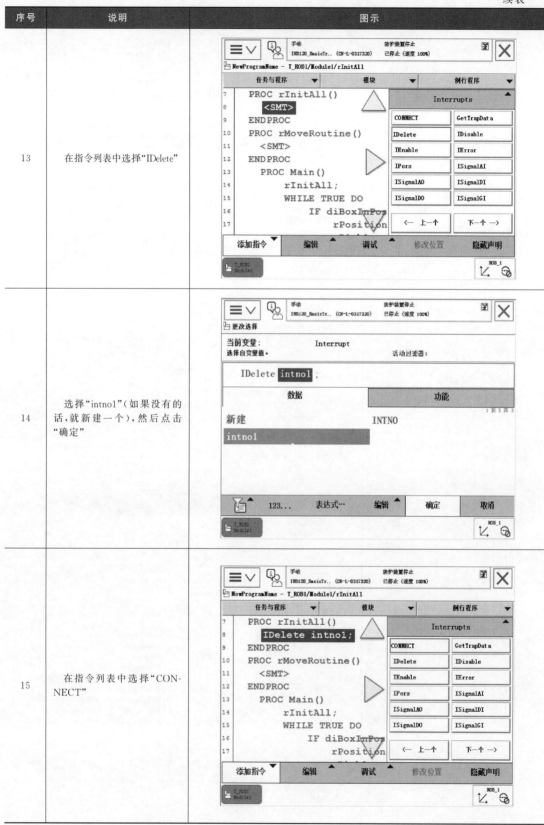
14	选择"intno1"（如果没有的话，就新建一个），然后点击"确定"	
15	在指令列表中选择"CON-NECT"	

序号	说明	图示
16	双击"<VAR>"进行设定	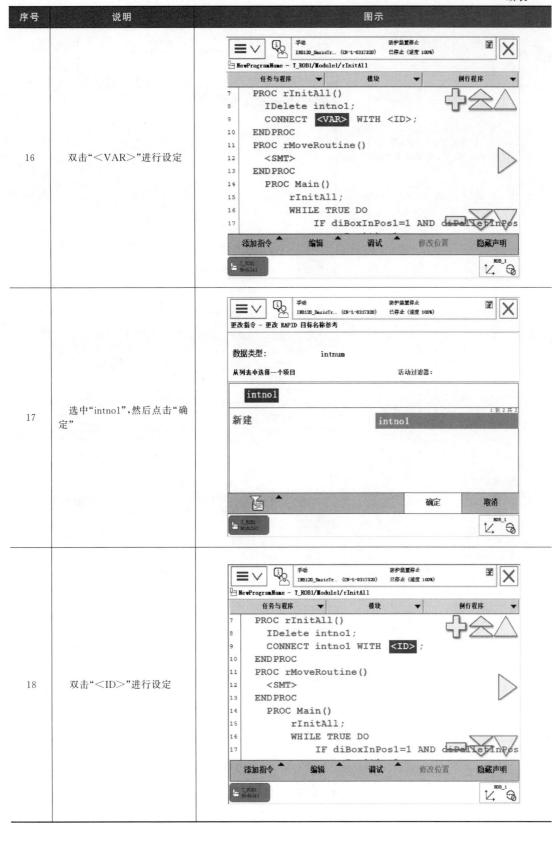
17	选中"intno1",然后点击"确定"	
18	双击"<ID>"进行设定	

序号	说明	图示
19	选择要关联的中断程序"tMonitorDI1",然后单击"确定"	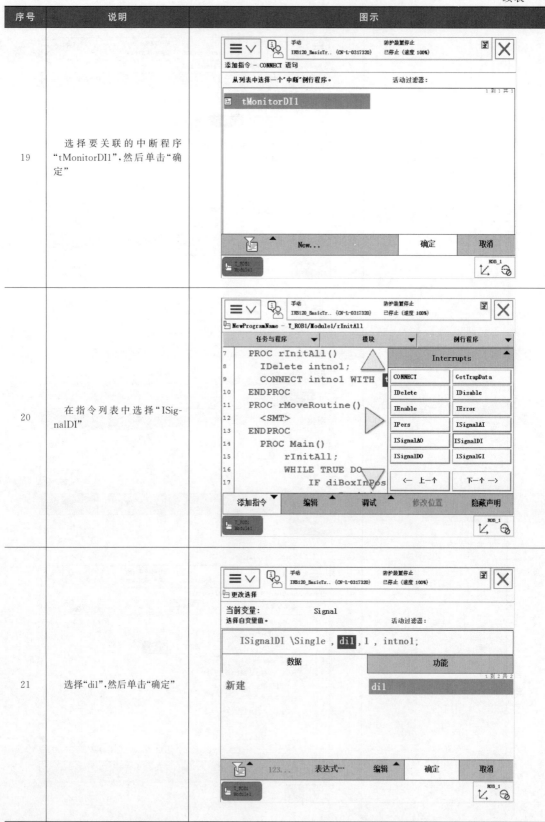
20	在指令列表中选择"ISignalDI"	
21	选择"di1",然后单击"确定"	

序号	说明	图示
22	双击该条指令。ISignalDI 中的 Single 参数启用,则此中断只会响应 di1 一次,若要重复响应,则将其去掉	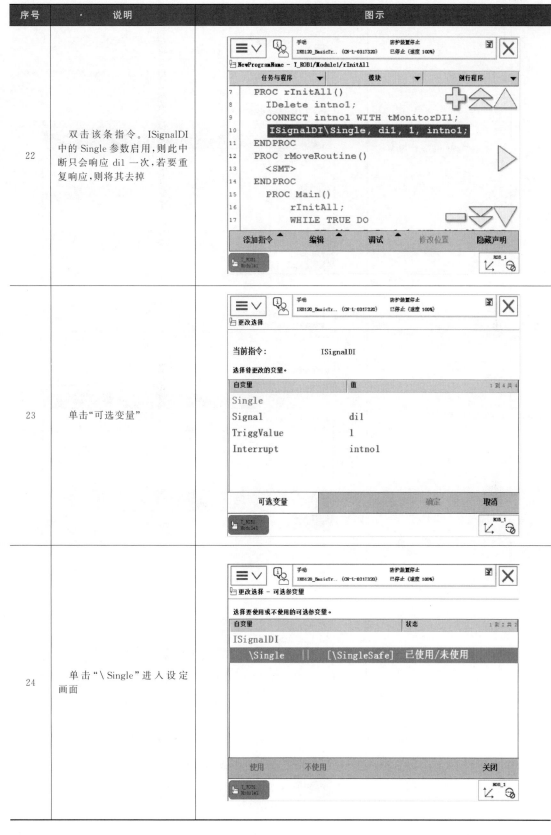
23	单击"可选变量"	
24	单击"\Single"进入设定画面	

续表

<table>
<tr><th>序号</th><th>说明</th><th>图示</th></tr>
<tr><td>25</td><td>选中“\Single”，然后单击“不使用”</td><td>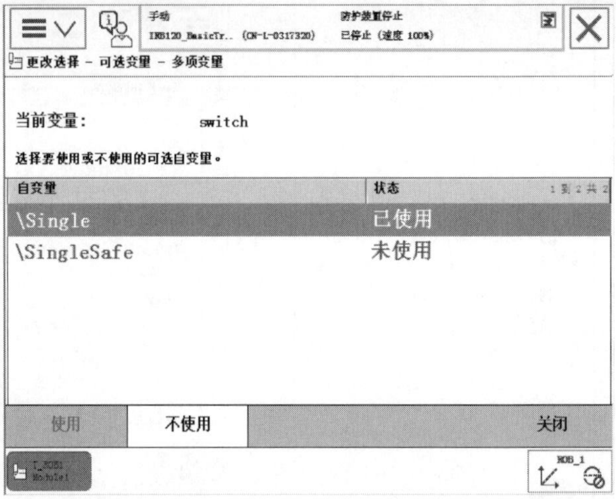
</td></tr>
<tr><td>26</td><td>单击“关闭”</td><td>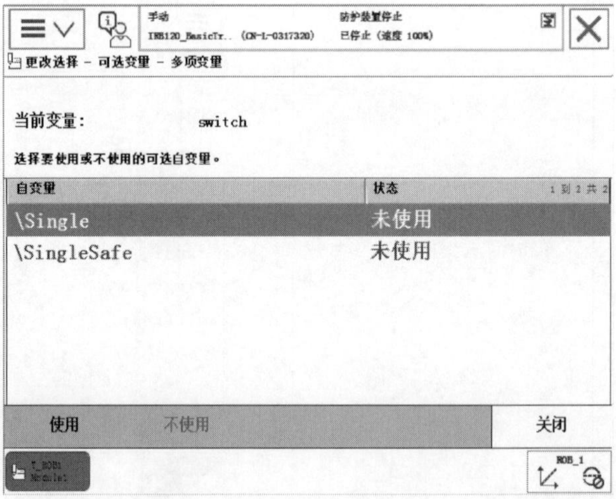
</td></tr>
<tr><td>27</td><td>单击“关闭”</td><td>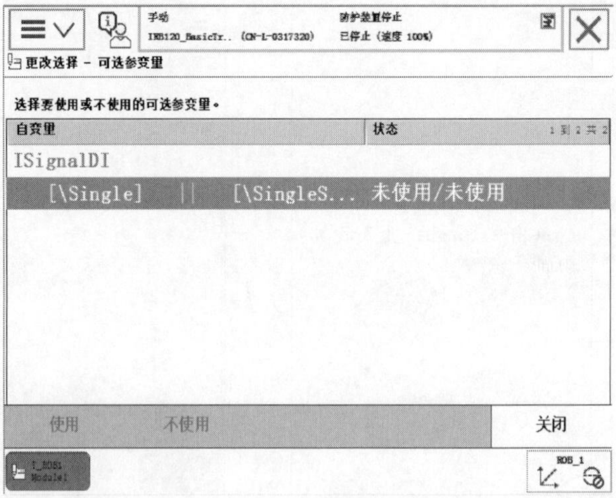
</td></tr>
</table>

序号	说明	图示
28	单击"确定"	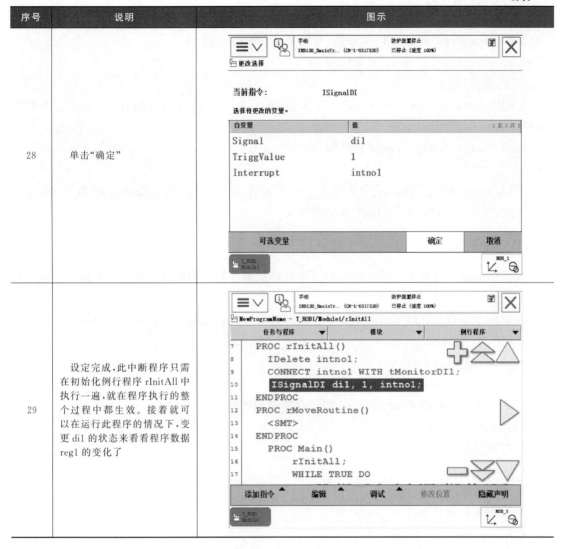
29	设定完成,此中断程序只需在初始化例行程序 rInitAll 中执行一遍,就在程序执行的整个过程中都生效。接着就可以在运行此程序的情况下,变更 di1 的状态来看看程序数据 reg1 的变化了	

2.3.7 数组

(1) 数组的定义

所谓数组,是相同数据类型的元素按一定顺序排列的集合。若将有限个类型相同的变量的集合命名,那么这个名称为数组名。组成数组的各个变量称为数组的分量,也称为数组的元素,有时也称为下标变量。用于区分数组的各个元素的数字编号称为下标。数组是在程序设计中,为了处理方便,把具有相同类型的若干变量按有序的形式组织起来的一种形式。这些按序排列的同类数据元素的集合称为数组。

(2) 数组的应用

1) 数组的作用

在定义程序数据时,可以将同种类型、同种用途的数值存放在同一个数据中,当调用该数据时需要写明索引号来指定调用的是该数据中的哪个数值,这就是所谓的数组。在 RAPID 中,可以定义一维数组、二维数组以及三维数组。

2）数组应用举例

① 一维数组。

VAR num reg1{3}：＝[5，7，9]；（定义一维数组 reg1）

reg2：＝reg1{2}；（reg2 被赋值为 7）

② 二维数组。

VAR num reg1{3,4}：＝[[1,2,3,4]，[5,6,7,8]，[9,10,11,12]]；（定义二维数组 reg1）

reg2：＝reg1{3,2}；（reg2 被赋值为 10）

③ 三维数组。

VAR num reg1{2,2,2}：＝[[[1,2],[3,4]],[[5,6],[7,8]]]；（定义三维数组 reg1）

reg2：＝reg1{2,1,2}；（reg2 被赋值为 6）

2.3.8 计时指令

在机器人运动过程中，经常需要利用计时功能来计算当前机器人的运动节拍，并通过写屏指令显示相关信息。

现以一个完整的计时案例介绍关于计时并显示计时信息的综合运用。程序如下：

VAR clock clock1；

！定义时钟数据 clock1

VAR num Cycle Time；

！定义数字型数据 Cycle Time，用于存储时间数值

ClkReset clock1；

！时钟复位

ClkStart clock1；

！开始计时

！机器人运动指令等

ClkStop clock1；

！停止计时

Cycle Time：＝ClkRead（clock1）；

！读取时钟当前值，并赋值给 Cycle Time

TPErase；

！清屏

TPWrite "The Last Cycle Time is"\Num：＝Cycle Time；

！写屏，在示教器屏幕上显示节拍信息，假设当前数值 Cycle Time 为 10，则示教器屏幕上最终显示信息为 "The Last Cycle Time is 10"。

2.3.9 程序运行控制指令

（1）BREAK：程序暂停指令

功能：使程序暂停，机器人停止运动，程序指针停留在下一行指令，可以用示教器上的运行键继续运行机器人。

工业机器人操作与运维自学·考证·上岗一本通（中级）

（2）STOP：程序暂停指令

功能：使程序暂停，机器人停止运动，程序指针停留在下一行指令，可以用示教器上的运行键继续运行机器人，如果机器人停止期间被人为移动后直接启动机器人，机器人将警告确认路径，如果此时采用参数变量 [\NoRegain]，机器人将直接运行。

注意：BREAK 与 STOP 的区别在于如果前面有运动指令，BREAK 在到达目标点前，即开始拐弯时停止，STOP 则是在准确到达目标点后停止。

（3）EXIT：程序停止并复位指令

功能：使机器人停止运行，同时程序被重置。

2.3.10 码垛程序的编制

（1）一般码垛程序的编制

1）码垛放置位置的参考点

① 已知，物料的长为 30mm，宽为 30mm，高为 30mm，物料在 X 轴方向距离 70mm，Y 轴上距离为 40mm，如图 2-24 所示。

② 当把第一个物料示教完成位置放置，其他的物料可以通过建立数组来建立相对的空间位置。

2）数组的建立

① 进入 ABB 主菜单，选择"程序数据"选项，如图 2-25 所示。

② 选择"num"，显示数据，如图 2-26 所示。

③ 单击"新建 ..."，新建数组，如图 2-27 所示。

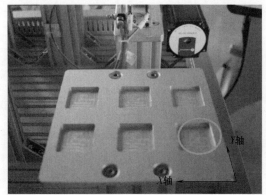

图 2-24　参考点

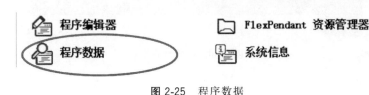

图 2-25　程序数据

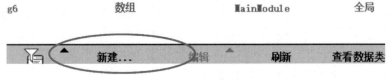

图 2-26　选择"num"

图 2-27　单击"新建 ..."

④ 建立二维数组，如图 2-28 所示。

⑤ {6,2} 的含义，是 6 排（或物料块总数）2 列（X 和 Y）数组偏移量的设置，如图 2-29 所示。

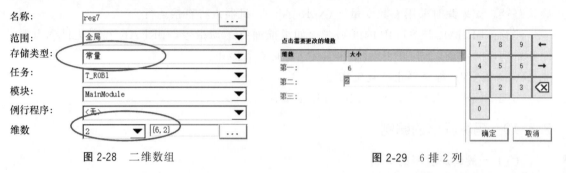

图 2-28 二维数组　　　　　　　　　　　　　　　图 2-29 6 排 2 列

⑥ 定义：{1,1} 此处 1 代表 X 方向的偏移，{1,2} 此处 2 代表 Y 方向的偏移，如图 2-30 所示。

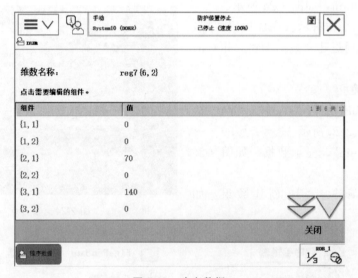

图 2-30 确定数据

3）数组指令的运用方法

① 新建运动指令，如图 2-31 所示。

② 在功能里面选中"Offs"，如图 2-32 所示。

MoveL p130 , v200 , fine , tool1 \WObj:= wobj1;

图 2-31 新建运动

Offs (<EXP> , <EXP> , <EXP> , <EXP>)

图 2-32 "Offs"的应用

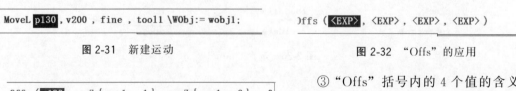

图 2-33 偏移量

③ "Offs"括号内的 4 个值的含义分别是（参考点，X 方向的偏移量，Y 方向的偏移量，Z 方向的偏移量），这里需使用一个常量 reg1，如图 2-33 所示。

4）数组指令——物料块码垛的参考程序

MoveAbsJ Home\NoEOffs, v1000, fine, tool0;

```
reg1 := 0;
WHILE reg1 < 6 DO
MoveJ Offs(p10,reg6{reg1,1},reg6{reg1,2},−80),v1000,fine,tool0;
MoveL Offs(p10,reg6{reg1,1},reg6{reg1,2},0),v1000,fine,tool0;
Set DO_01;
WaitTime 1;
MoveL Offs(p10,reg6{reg1,1},reg6{reg1,2},−80),v1000,fine,tool0;
MoveJ Offs(p11,reg7{reg1,1},reg7{reg1,2},−80),v1000,fine,tool0;
MoveJ Offs(p11,reg7{reg1,1},reg7{reg1,2},0),v1000,fine,tool0;
Reset DO_01;
MoveL Offs(p11,reg7{reg1,1},reg7{reg1,2},−80),v1000,fine,tool0;
ENDWHILE
MoveAbsJ Home\NoEOffs,v1000,fine,tool0;
```

（2）矩形垛形的码垛编程

1）ABB 机器人创建码垛程序

有规律地移动机器人进行抓取及放置；设置好工件坐标系、工具，对第一个码垛放置点进行示教。

① 创建 m_pallet 模块，如图 2-34 所示。

② 建立两个 routine，如图 2-35 所示。

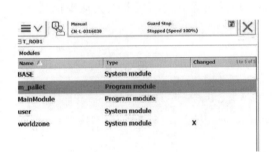

图 2-34　创建 m_pallet 模块

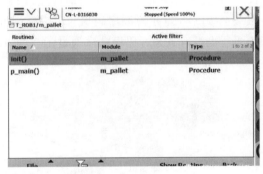

图 2-35　建立两个 routine

③ 在 init 程序里，设置 xyz 方向个数和各方向间距，如图 2-36 所示。

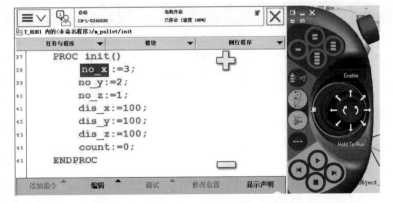

图 2-36　设置 xyz 方向个数和各方向间距

④ 在 p_main 程序里，创建机器人移动到 pHome 点，pPick 位置（抓取位置），以及第一个放置点 pPlace_ini；通过三层 for 循环，进行码垛。实例程序为先 x 方向，再 y 方向，再 z 方向，如图 2-37 所示。

其中偏移如下：

pPlace：＝offs(pPlace_ini,(i-1) * dis_x,(j-1) * dis_y,(k-1) * dis_z);

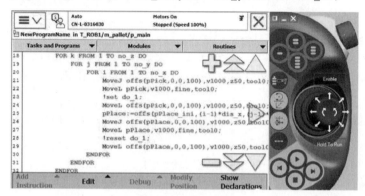

图 2-37　码垛程序

2）示教四点完成码垛

要完成如下码垛，只需要示教图 2-38 的 4 个点，即可自动完成计算。图 2-38 中 Target_start 表示码垛放置的第一个点；Target_row 表示码垛的第一个方向上的最远点；Target_column 表示码垛第二个方向的最远点；Target_layer 表示码垛 z 方向的最高点；即图 2-38 最终会按图 2-39 示意顺序码垛。不需要设置坐标系，产品码垛方向与机器人大地坐标系 xy 不平行也没有关系，码垛顺序通过示教即可调整。初始化设置步骤见表 2-4。

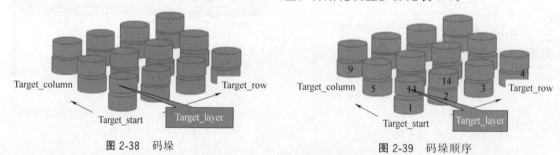

图 2-38　码垛　　　　　　　　　　　　　　图 2-39　码垛顺序

表 2-4　示教四点完成码垛的步骤

步骤	内容	图示
1	确认工具	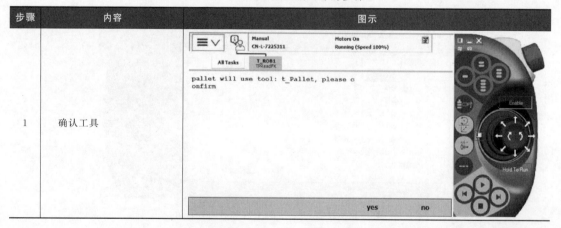

步骤	内容	图示
2	设置第一个方向码垛个数	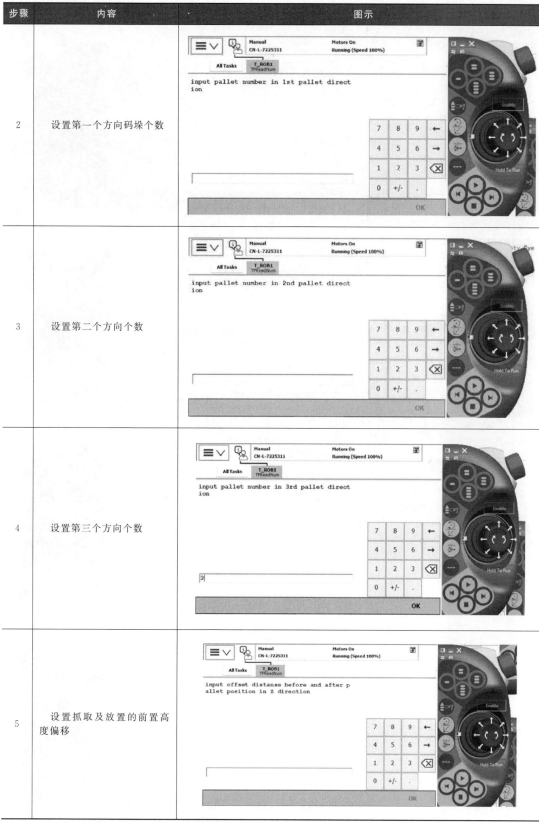
3	设置第二个方向个数	
4	设置第三个方向个数	
5	设置抓取及放置的前置高度偏移	

第2章 工业机器人在线编程与操作

步骤	内容	图示
6	手动移动到第一个 Target_start 位置并记录	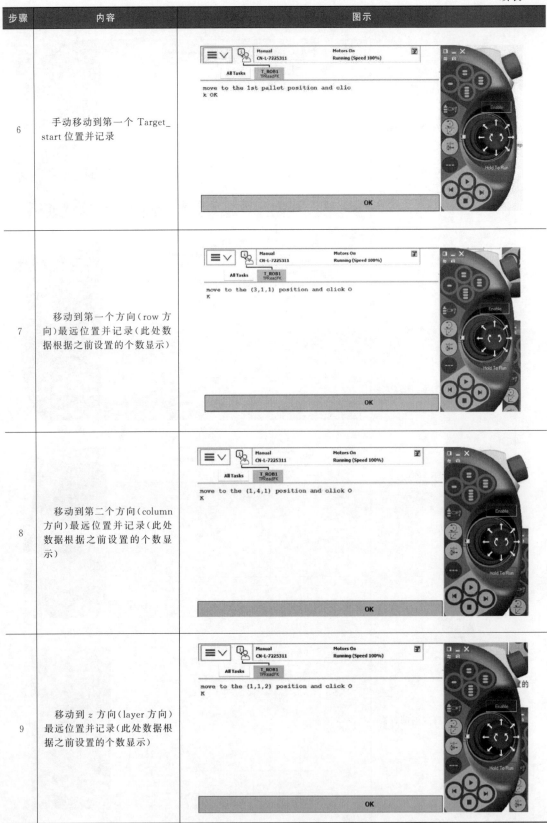
7	移动到第一个方向(row 方向)最远位置并记录(此处数据根据之前设置的个数显示)	
8	移动到第二个方向(column 方向)最远位置并记录(此处数据根据之前设置的个数显示)	
9	移动到 z 方向(layer 方向)最远位置并记录(此处数据根据之前设置的个数显示)	

步骤	内容	图示
10	移动到抓取位置并记录	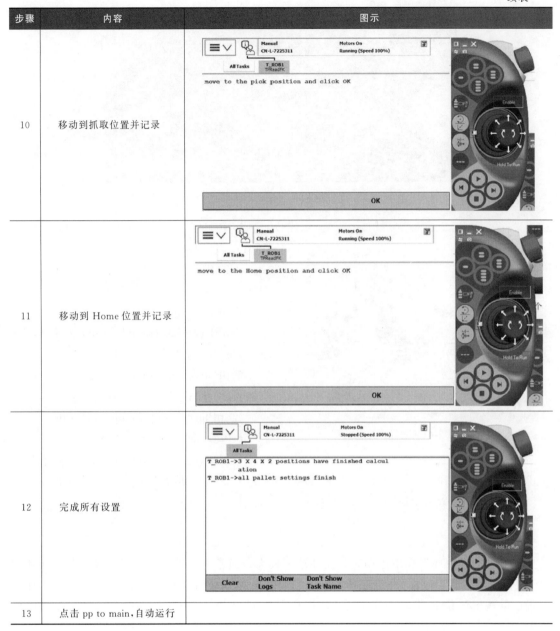
11	移动到 Home 位置并记录	
12	完成所有设置	
13	点击 pp to main,自动运行	

（3）环形仓码垛

机器人仓储码垛有常见的直线垛型，也有如图 2-40 的环形垛型。环形垛型可以更好地利用 6 轴工业机器人自身的机械结构优势，完成产品的中转和分拣。

环形仓码垛，通常机器人位于环形的中间，故各产品位置可以利用产品到中心的距离以及相应角度，通过计算得到具体位置坐标。

假设如图 2-41 的抓取位置为基准位置，此处位置与环形中心相距 1500mm。利用机器人坐标系 xyz 对应方向，计算点位数组中各元素的位置，此处按如图 2-41 顺序 1～9 码垛。

1 count:=1;

2 radius:=1500;

图 2-40　环形垛型

图 2-41　码垛顺序

```
3 FOR  j  FROM  1  TO  3  DO；！假设共三层
4 FOR  i  FROM  -4  TO  4  DO；！每层共 9 个,如图开始的位置 1～9
5 pPlace_cal{count}：=pPlace0；
6 pPlace_cal{count}.trans.x：=radius*cos(i*36)；！计算坐标
7 pPlace_cal{count}.trans.y：=radius*sin(i*36)；
8 pPlace_cal{count}.trans.z：=pPlace0.trans.z+(j-1)*205；
8 pPlace_cal{count}：=RelTool(pPlace_cal{count},0,0,0Rz：=-i*36)；！修正点位姿态,此处假设机器人工具 z 垂直向下
10 count：=count+1；
11 ENDFOR
12 ENDFOR
```

由于机器人在环形仓中运动时，运动范围较大，通常为 1 轴旋转较大角度，若直接使用 MoveJ，则可能产生碰撞/姿态奇异等问题。故在从抓取位置去放置位置时，先移动到抓取位置，再基于该位置获取 Jointtarget，让机器人只是先 1 轴旋转一定角度后，再去放置位置。

```
1 jtmp：=CJointT()；  ！获取机器人抓取位置
2 JointTarget
3 jtmp2：=CJointT()；
4 IF count>9 THEN  count：=count-9；
5 ENDIF
6 jtmp.robax.rax_1：=jtmp.robax.rax_1+count*36-10；  ！计算机器人的抓取位置 1 轴坐标,此后先只移动 1 轴
7 MoveAbsJ jtmpNoEOffs,v5000,fine,tVacuumWObj：=wobj0；！先只移动 1 轴
8 MoveJ offs(pPlace{i},0,0,200),v5000,z10,tVacuumWObj：=wobj0；  ！再移动到计
```

算得到的放置位置

2.3.11 装配

（1）装配工艺

现以工件装配为例，选择直角式（或 SCARA 机器人），末端执行器为专用式螺栓手爪。采用在线示教方式为机器人输入装配作业程序，如图 2-42 所示，程序点说明如表 2-5 所示，作业流程如图 2-43 所示，作业示教如表 2-6 所示。

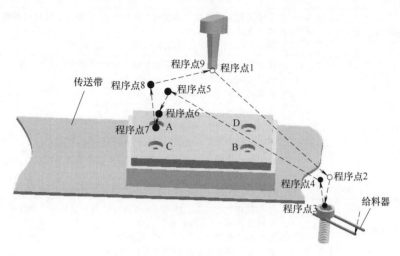

图 2-42　螺栓紧固作业

表 2-5　程序点说明

程序点	说明	手爪动作	程序点	说明	手爪动作
程序点 1	机器人原点		程序点 6	装配作业点	抓取
程序点 2	取料临近点		程序点 7	装配作业点	放置
程序点 3	取料作业点	抓取	程序点 8	装配规避点	
程序点 4	取料规避点	抓取程序点说明	程序点 9	机器人原点	
程序点 5	移动中间点	抓取			

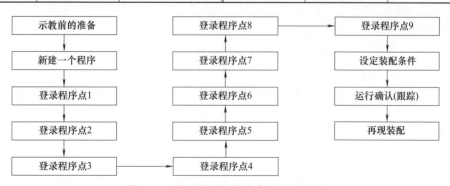

图 2-43　螺栓紧固机器人作业示教流程

1）示教前的准备

① 给料器准备就绪。

② 确认自己和机器人之间保持安全距离。

③ 机器人原点确认。

2）新建作业程序

点按示教器的相关菜单或按钮，新建一个作业程序"Assembly_bolt"。

3）程序点的输入

表 2-6　螺栓紧固作业示教

程序点	示教方法
程序点 1（机器人原点）	① 按第 3 章手动操作机器人要领移动机器人到装配原点 ② 插补方式选择"PTP" ③ 确认并保存程序点 1 为装配机器人原点
程序点 2（取料临近点）	① 手动操作装配机器人到取料作业临近点，并调整末端执行器姿态 ② 插补方式选择"PTP" ③ 确认并保存程序点 2 为装配机器人取料临近点
程序点 3（取料作业点）	① 手动操作装配机器人移动到取料作业点且保持末端执行器位姿不变 ② 插补方式选择"直线插补" ③ 再次确认程序点，保证其为取料作业点
程序点 4（取料规避点）	① 手动操作装配机器人到取料规避点 ② 插补方式选择"直线插补" ③ 确认并保存程序点 4 为装配机器人取料规避点
程序点 5（移动中间点）	① 手动操作装配机器人到移动中间点，并适度调整末端执行器姿态 ② 插补方式选择"PTP" ③ 确认并保存程序点 5 为装配机器人移动中间点
程序点 6（装配作业点）	① 手动操作装配机器人移动到装配作业点且调整抓手位姿以适合安放螺栓 ② 插补方式选择"直线插补" ③ 再次确认程序点，保证其为装配作业开始点 ④ 若有需要可直接输入装配作业命令
程序点 7（装配作业点）	① 手动操作装配机器人到装配作业点 ② 插补方式选择"直线插补" ③ 确认并保存程序点 7 为装配机器人作业终止点
程序点 8（装配规避点）	① 手动操作搬运机器人到装配作业规避点 ② 插补方式选择"直线插补" ③ 确认并保存程序点 8 为装配机器人作业规避点
程序点 9（机器人原点）	① 手动操作装配机器人到机器人原点 ② 插补方式选择"PTP" ③ 确认并保存程序点 9 为装配机器人原点

4）设定作业条件

① 在作业开始命令中设定装配开始规范及装配开始动作次序。

② 在作业结束命令中设定装配结束规范及装配结束动作次序。

③ 依据实际情况，在编辑模式下合理选择配置装配工艺参数及选择合理的末端执行器。

5）检查试运行

① 打开要测试的程序文件。

② 移动光标到程序开头位置。

③ 按住示教器上的有关跟踪功能键，实现装配机器人单步或连续运转。

6）再现装配

① 打开要再现的作业程序，并将光标移动到程序的开始位置，将示教器上的模式开关设定到"再现/自动"状态。

② 按示教器上伺服 ON 按钮，接通伺服电源。

③ 按启动按钮，装配机器人开始运行。

（2）关节法兰装配程序

PROCAsmFalan()；！AsmFalan 例行程序开始

MoveJ home,v200,fine,tool0；！工业机器人返回原点

MoveJ Offs(pick_falan,−150,−100,50),v200,z10,tool_xipan；！机器人到达吸取接近点 1

MoveJ Offs(pick_falan,0,0,50),v200,z10,tool_xipan；！机器人到达吸取接近点 2

MoveL pick_falan,v20,fine,tool_xipan；！机器人到达吸取点

SetDO YV5,1；！开启吸盘

WaitTime\InPos,1；！延时 1s

MoveL Offs(pick_falan,0,0,50),v20,z10,tool_xipan；！机器人到达吸取接近点 2

MoveL Offs(pick_falan,−150,−100,50),v200,z10,tool_xipan；！机器人到达吸取接近点 1

MoveJ home,v200,z10,tool0；！工业机器人返回原点

MoveJ Offs(put_falan,0,0,50),v200,z10,tool_xipan；！机器人到达装配接近点 1

MoveL put_falan,v20,fine,tool_xipan；！机器人到达装配点

MoveJ put_falan_rot,v20,fine,tool_xipan；！机器人选择关节法兰

SetDO YV5,0；！关闭吸盘

WaitTime\InPos,1；！延时 1s

MoveL Offs(put_falan_rot,0,0,50),v20,z10,tool_xipan；！机器人到达装配接近点 1

MoveJ home,v200,fine,tool0；！工业机器人返回原点

ENDPROC；！AsmFalan 例行程序结束

第3章

工业机器人工作站系统集成

3.1 搬运工作站的集成

3.1.1 认识工业机器人工作站

工业机器人工作站是以工业机器人作为加工主体的作业系统。由于工业机器人具有可再编程的特点，当加工产品更换时，可以对机器人的作业程序进行重新编写，从而达到系统柔性要求。

然而，工业机器人只是整个作业系统的一部分，作业系统包括工装、变位器、辅助设备等周边设备，应该对它们进行系统集成，使之构成一个有机整体，才能完成任务，满足生产需求。

工业机器人工作站系统集成一般包括硬件集成和软件集成两个过程。硬件集成需要根据需求对各个设备接口进行统一定义，以满足通信要求；软件集成则需要对整个系统的信息流进行综合，然后再控制各个设备按流程运转。

（1）工业机器人工作站的组成

如图 3-1 所示，是某弧焊机器人工作站的组成。

（2）外围设备的种类及注意事项

必须根据自动化的规模来决定工业机器人与外围设备的规格。因作业对象的不同，其规格也多种多样。从表 3-1 可以看出，机器人的作业内容大致可分为装卸、搬运作业和喷涂、焊接作业两种基本类型。后者持有喷枪、焊枪或焊炬。当工业机器人进行作业时，喷涂设备、焊接设备等作业装置都是很重要的外围设备。这些作业装置一般都是用于手工操作，当用于工业机器人时，必须对这些装置进行改造。

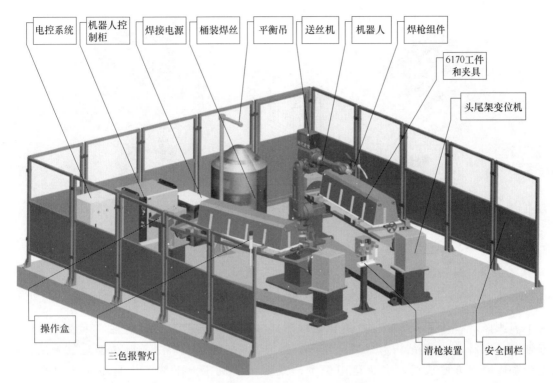

电控系统　机器人控制柜　焊接电源　桶装焊丝　平衡吊　送丝机　机器人　焊枪组件

6170工件和夹具

头尾架变位机

操作盒

三色报警灯

清枪装置　安全围栏

图 3-1　某弧焊机器人工作站的组成

表 3-1　工业机器人的作业和外围设备的种类

作业内容	工业机器人的种类	主要外围设备
压力机上的装卸作业	固定程序式	传送带、滑槽、供料装置、送料器、提升装置、定位装置、取件装置、真空装置、修边压力装置
切削加工的装卸作业	可变程序式、示教再现式、数字控制式	传送带、上下料装置、定位装置、反转装置、随行夹具
压铸加工的装卸作业	固定程序式、示教再现式	浇铸装置、冷却装置、修边压力机、脱膜剂喷涂装置、工件检测装置
喷涂作业	示教再现式（CP 的动作）	传送带、工件探测装置、喷涂装置、喷枪
点焊作业	示教再现式	焊接电源、时间继电器、次级电缆、焊枪、异常电流检测装置、工具修整装置、焊透性检验装置、车型判别装置、焊接夹具、传送带、夹紧装置
电弧焊作业	示教再现式（CP 的动作）	弧焊装置、焊丝进给装置、焊炬、气体检测装置、焊丝检测装置、焊炬修整装置、焊接夹具、位置控制器等

3.1.2　搬运机器人的分类

　　搬运作业是指用一种设备握持工件，从一个加工位置移到另一个加工位置的过程。如果采用工业机器人来完成这个任务，整个搬运系统则构成了工业机器人搬运工作站。给搬运机器人安装不同类型的末端执行器，可以完成不同形态和状态的工件搬运工作。

　　如图 3-2 所示，从结构形式上看，搬运机器人可分为龙门式搬运机器人、悬臂式搬运机器人、侧壁式搬运机器人、摆臂式搬运机器人和关节式搬运机器人 。

（1）龙门式搬运机器人

　　其坐标系主要由 X 轴、Y 轴和 Z 轴组成。其多采用模块化结构，可依据负载位置、

龙门式搬运机器人

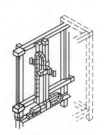
侧壁式搬运机器人

悬臂式搬运机器人

摆臂式搬运机器人

关节式搬运机器人

图 3-2　搬运机器人分类

大小等选择对应直线运动单元及组合结构形式（在移动轴上添加旋转轴便可成为四轴或五轴搬运机器人）。其结构形式决定其负载能力，可实现大物料、重吨位搬运，采用直角坐标系，编程方便快捷，广泛运用于生产线转运及机床上下料等大批量生产过程。如图 3-3 所示。

（2）悬臂式搬运机器人

其坐标系主要由 X 轴、Y 轴和 Z 轴组成。其也可随不同的应用采取相应的结构形式（在 Z 轴的下端添加旋转或摆动就可以延伸成为四轴或五轴机器人）。此类机器人，多数结构为 Z 轴随 Y 轴移动，但有时针对特定的场合，Y 轴也可在 Z 轴下方，方便进入设备内部进行搬运作业。广泛运用于卧式机床、立式机床及特定机床内部和冲压机热处理机床自动上下料。如图 3-4 所示。

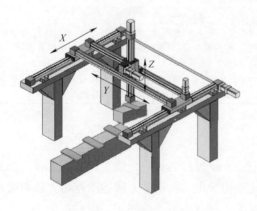
图 3-3　龙门式搬运机器人

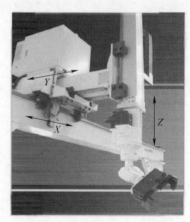
图 3-4　悬臂式搬运机器人

（3）侧壁式搬运机器人

其坐标系主要由 X 轴、Y 轴和 Z 轴组成。其也可随不同的应用采取相应的结构形式（在 Z 轴的下端添加旋转或摆动就可以延伸成为四轴或五轴机器人）。专用性强，主要运用于立体库类，如档案自动存取、全自动银行保管箱存取系统等。图 3-5 所示为侧壁式搬运机器人在档案自动存储馆工作。

（4）摆臂式搬运机器人

其坐标系主要由 X 轴、Y 轴和 Z 轴组成。Z 轴主要是升降，也称为主轴。Y 轴的移动主要通过外加滑轨，X 轴末端连接控制器，其绕 X 轴的转动，实现 4 轴联动。此类机器人具有较高的强度或稳定性，广泛应用于国内外生产厂家，是关节式机器人的理想替代品，但其负载程度相比于关节式机器人要小。图 3-6 所示为摆臂式搬运机器人进行箱体搬运。

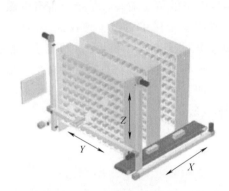

图 3-5　侧壁式搬运机器人

图 3-6　摆臂式搬运机器人

（5）关节式搬运机器人

关节式搬运机器人是当今工业产业中常见的机型之一，其拥有 5～6 个轴，行为动作类似于人的手臂，具有结构紧凑、占地空间小、相对工作空间大、自由度高等特点，适合于几乎任何轨迹或角度的工作。采用标准关节机器人配合供料装置，就可以组成一个自动化加工单元。一个机器人可以服务于多种类型加工设备的上下料，从而节省自动化的成本。由于采用关节机器人单元，自动化单元的设计制造周期短、柔性大，产品换型转换方便，甚至可以实现较大变化的产品形状的换型要求。有的关节型机器人可以内置视觉系统，对于一些特殊的产品，还可以通过增加视觉识别装置，对工件的放置位置、相位、正反面等进行自动识别和判断，并根据结果进行相应的动作，实现智能化的自动化生产，同时可以让机器人在装卡工件之余，进行工件的清洗、吹干、检验和去毛刺等作业，大大提高了机器人的利用率。关节机器人可以落地安装、天吊安装或者安装在轨道上，服务更多的加工设备。例如 FANUCR-1000iA、R-2000iB 等机器人可用于冲压薄板材的搬运，而 ABB IRBl40、IRB6660 等多用于热锻机床之间的搬运，图 3-7 所示为关节式机器人进行钣金件搬运作业。

一般来讲，一个机器人单元包括一台机器人和一个带有示教器的控制单元手持设备，能够远程监控机器人（它收集信号并提供信息的智能显示）。传统的点对点模式，由于受线缆方式的局限，导致费用昂贵并且示教器只能用于单台机器

图 3-7　关节式搬运机器人

人。COMAU 公司的无线示教器 WiTP（图 3-8）与机器人控制单元之间采用了该公司的专利技术"配对-解配对"安全连接程序，多个控制器可由一个示教器控制。同时，它可与其他 WiFi 资源实现数据传送与接收，有效范围达 100m，且各系统间无干扰。

图 3-8　COMAU 无线示教器 WiTP

3.1.3　AGV 搬运车

（1）AGV 搬运车的种类

AGV（Automated Guided Vehicle）是自动导引车的英文缩写，是指装备有电磁或光学等自动导引装置，能够沿规定的导引路径行驶，具有安全保护以及各种移载功能的运输车。它是一种在工业应用中无需驾驶员的搬运车，通常可通过电脑程序或电磁轨道信息控制其移动，属于轮式移动搬运机器人范畴。广泛应用于汽车底盘合装、汽车零部件装配、烟草、电力、医药、化工等的生产物料运输、柔性装配线、加工线，具有行动快捷，工作效率高，结构简单，有效摆脱场地、道路、空间限制等优势，充分体现出其自动性和柔性，可实现高效、经济、灵活的无人化生产。通常 AGV 搬运车可分为列车型、平板车型、带移载装置型、货叉型、带升降工作台型及带工业机器人型几种。

1）列车型

列车型 AGV 是最早开发的产品，由牵引车和拖车组成，一辆牵引车可带若干节拖车，适合成批量小件物品长距离运输，在仓库离生产车间较远时应用广泛，如图 3-9 所示。

2）平板车型

平板车型 AGV 多需人工卸载，载重量 500kg 以下的轻型车主要用于小件物品搬运，适用于电子行业、家电行业、食品行业等场所，如图 3-10 所示。

图 3-9　列车型 AGV

图 3-10　平板车型 AGV

3）带移载装置型

带移载装置型 AGV 车装有输送带或辊子输送机等类型移载装置，通常和地面板式输送机或辊子机配合使用，以实现无人化自动搬运作业，如图 3-11 所示。

4）货叉型

货叉型 AGV 类似于人工驾驶的叉车起重机，本身具有

图 3-11　带移载装置型 AGV

自动装卸载能力，主要用于物料自动搬运作业以及在组装线上做组装移动工作台，如图 3-12 所示。

5）带升降工作台型

工业机器人操作与运维自学·考证·上岗一本通（中级）

带升降工作台型 AGV 主要应用于机器制造业和汽车制造业的组装作业，因带有升降工作台，可使操作者在最佳高度下作业，提高工作质量和效率，如图 3-13 所示。

图 3-12 货叉型 AGV

图 3-13 带升降工作台型 AGV

6）带工业机器人型

带工业机器人型 AGV 主要应用于零件仓储跨度大的场合，其工业机器人主要有一般工业机器人（图 3-14）和带协作工业机器人（图 3-15）两种。

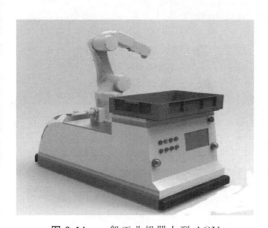

图 3-14 一般工业机器人型 AGV

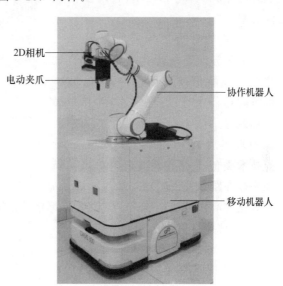

图 3-15 带协作工业机器人型 AGV

（2）常见的 AGV 导航导引方式

1）磁钉导航

该导航方式依然是通过磁导航传感器检测磁钉的磁信号来寻找行进路径，只是将原来采用磁条导航时对磁条进行连续感应变成间歇性感应，因此磁钉之间的距离不能够过大，且两磁钉间 AGV 处于一种距离计量的状态，在该状态下需要编码器计量所行走的距离。其次，磁钉导航所用控制模块与磁条导航控制模块相同。

2）磁条导航

磁条导航被认为是一项非常成熟的技术，主要通过测量路径上的磁场信号来获取车辆自身相对于目标跟踪路径之间的位置偏差，从而实现车辆的控制及导航。磁条导航具有很高的测量精度及良好的重复性，磁条导航不易受光线变化等的影响，在运行过程中，磁传感系统具有很高的可靠性和经济性。磁条一旦铺设好后，维护费用非常低，使用寿命长，且增设、变更路径较容易，如图3-16所示。

图3-16　磁条导航

3）激光导航

激光导航是在AGV行驶路径的周围安装激光反射板，AGV通过发射激光束，同时采集由反射板反射的激光束，来确定其当前的位置和方向，并通过连续的三角几何运算来实现AGV的导航，如图3-17所示。

激光导航技术具有定位精度高、线路变更灵活、导航技术成熟等特点，已经成为国内外AGV厂商的主流方案。

4）电磁导航

电磁导航是较为传统的导航方式之一，目前仍被采用，它是在AGV的行驶路径上埋设金属线，并在金属线加载导引频率，通过对导引频率的识别来实现AGV的导航功能。该导航技术类似于磁条导航，由于该导航

图3-17　激光导航

技术存在路径变更困难等缺点，逐渐被AGV厂商放弃。但是特定场合也比较适合该导航技术，比如高温环境、线路平直性要求严格等情况，如图3-18所示。

5）测距导航

该导航技术主要应用于激光二维扫描仪对其周围环境进行扫描测量，获取测量数据，然后结合导航算法实现AGV导航。该导航传感器通常使用具有安全功能的安全激光扫描仪实现，采用安全激光扫描仪也能够实现导航测量功能。采用测距导航技术的AGV可以实现进入集装箱内部进行自动取货送货功能，如图3-19所示。

6）轮廓导航

轮廓导航是目前AGV最为先进的导航技术，该技术利用二维激光扫

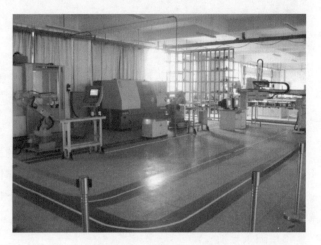

图3-18　电磁导航AGV

工业机器人操作与运维自学·考证·上岗一本通（中级）

描仪对现场环境进行测量、学习，并绘制导航环境，然后进行测量学习，修正地图，进而实现轮廓导航功能。利用自然环境（墙壁、柱子以及其他固定物体）进行自由测距导航，根据环境测量结果更新位置。轮廓导航优点：不需要反射器或其他人工地标；可降低安装成本；可减少维护工作；是激光导航替代方案。

图 3-19　测距导航

7）混合导航

混合导航是多种导航的集合体，该导航方式是根据现场环境的变化应运而生的。由于现场环境的变化导致某种导航暂时无法满足要求，进而切换到另一种导航方式继续满足 AGV 连续运行。

8）光学导航

光学导航其实就是利用工业摄像机识别。该导航有色带跟踪导航、二维码识别等功能，如图 3-20 所示。

9）二维码导引

二维码导引方式是通过离散铺设 QR 二维码，通过 AGV 车载摄像头扫描解析二维码，获取实时坐标。二维码导引方式也是目前市面上最常见的 AGV 导引方式，二维码导引＋惯性导航的复合导航形式也被广泛应用，亚马逊的 KIVA 机器人就是通过这种导航方式实现自主移动的。这种方式相对灵活，铺设和改变路径也比

图 3-20　光学导航

较方便，缺点是二维码易磨损，需定期维护。

10）惯性导航

惯性导航是在 AGV 上安装陀螺仪，利用陀螺仪可以获取 AGV 的三轴角速度和加速度，通过积分运算对 AGV 进行导航定位。惯性导航优点是成本低，短时间内精度高，但这种导航方式缺点也特别明显，陀螺仪本身随着时间增长，误差会累积增大，直到丢失位置，堪称是"绝对硬伤"。这使得惯性导航通常作为其他导航方式的辅助。如同上文所提到的二维码导引＋惯性导航的方式，就是在两个二维码之间的盲区使用惯性导航，通过二维码时重新校正位置。

11）SLAM 激光导航（自然导航）

SLAM 激光导航则是一种无需使用反射板的自然导航方式，它不再需要通过辅助导航标志（二维码、反射板等），而是通过工作场景中的自然环境，如图 3-21 所示，仓库中的柱子、墙面等作为定位参照物以实现定位导航。相比于传统的激光导航，它的优势是制造成本较低。据了解，目前也有厂商（如：SICK）研发了适用于 AGV 室外作业的激光

传感器。

12）视觉导航

视觉导航也是基于 SLAM 算法的一种导航方式，这种导航方式是通过车载视觉摄像头采集运行区域的图像信息，通过图像信息的处理来进行定位和导航。视觉导航具有高灵活性、适用范围广和成本低等优点，但是目前技术成熟度一般，利用车载视觉系统快速准确地实现路标识别这一技术仍处于瓶颈阶段。

图 3-21　SLAM 激光导航

（3）移动操作臂组成

移动操作臂由移动机器人（AGV）、艾利特协作机器人、电动夹爪和 2D 相机组成，如图 3-15 所示，移动机器人如图 3-22 所示。

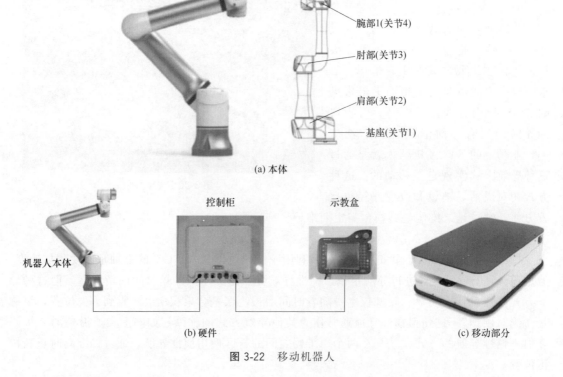

(a) 本体

腕部3(关节6)
腕部2(关节5)
腕部1(关节4)
肘部(关节3)
肩部(关节2)
基座(关节1)

控制柜　　　　示教盒

机器人本体

(b) 硬件　　　　　　　　　　　　　　　　(c) 移动部分

图 3-22　移动机器人

（4）AGV 通信

1）AGV 通信协议

AGV 使用标准的 ModbusTCP 工业通信协议，在协议中用户作为 Client 端主动连接到 AGV 进行查询，AGV 作为 Server 端对查询指令进行处理和响应。根据 Modbus 协议，数据以寄存器的形式进行传送。AGV 通信协议根据传送的数据类型将其分为 4 类，对应 4 种不同的寄存器，如表 3-2 所示。

表 3-2　AGV 传送数据类型

寄存器类型	地址范围	读写属性	数据类型	举例
离散量输入寄存器	10001～10100	只读	简单的开关量状态	是否处于急停
输入寄存器	30001～30100	只读	数值类型状态	系统状态、电量
线圈寄存器	00001～00100	只写	简单的开关量控制	暂停运动
保持寄存器	40001～40100	只写	数值类型的控制指令	移动到站点/位姿

2）AGV 运行流程

① 首先判断 AGV 的当前状态，如图 3-23 所示。

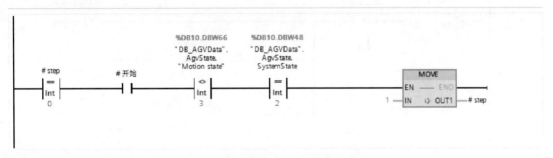

图 3-23　判断 AGV 的当前状态

② 目标站点转存并更改 AGV 储存导航站点寄存器的值，如图 3-24 所示。

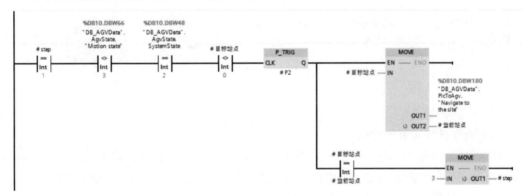

图 3-24　目标站点转存

③ AGV 运行中，储存导航站点寄存器清零，如图 3-25 所示。通过 AGV 的当前站点与系统状态判断是否到达站点，如图 3-26 所示。

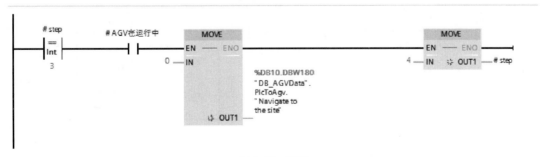

图 3-25　清零

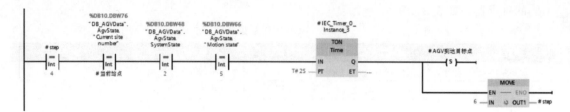

图 3-26 判断是否到达站点

④ 等待完成响应，如图 3-27 所示。

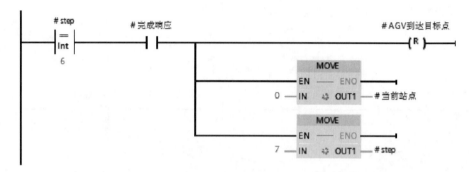

图 3-27 等待完成响应

⑤ 流程初始化，如图 3-28 所示。

图 3-28 初始化

（5）协作机器人编程调试

协作机器人使用 ModbusTCP 通信协议与 PLC 进行通信，协作机器人端是以 BYTE 为单位接收发送数据，PLC 端以 WORD 为单位接收发送数据，所以 PLC 端接收发送的字节数据需要进行高低字节交换处理，PLC 端对应的通信配置步骤如下。

① 启动，给机器人示教号，如图 3-29 所示。

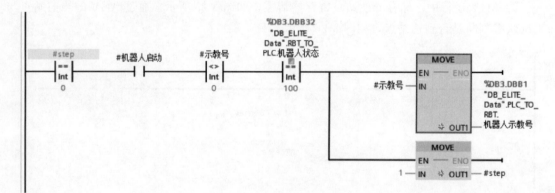

图 3-29 启动

工业机器人操作与运维自学·考证·上岗一本通（中级）

② 等待机器人运行中信号，示教号清零，如图 3-30 所示。

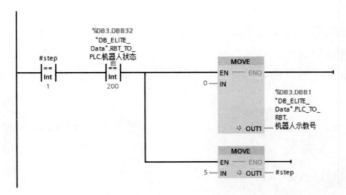

图 3-30　示教号清零

③ 等待机器人运行完成信号，如图 3-31 所示。

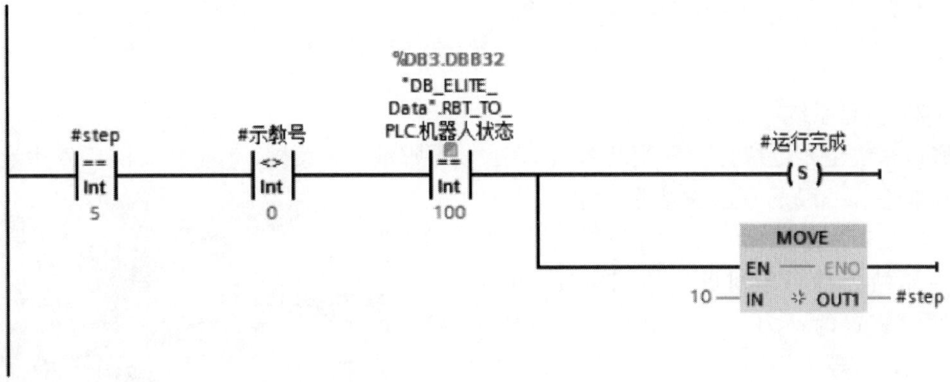

图 3-31　等待

④ 运行完成响应，初始化，如图 3-32 所示。

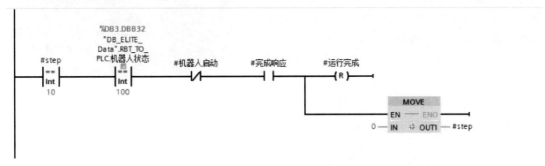

图 3-32　运行完成响应

3.1.4　搬运机器人的周边设备

工业机器人搬运工作站的任务是由机器人完成工件的搬运，将输送线输送过来的工件搬运到平面仓库中，并进行码垛。

用机器人完成一项搬运工作，除需要搬运机器人（机器人和搬运设备）以外，还需要一些辅助周边设备。目前，常见的搬运机器人辅助装置有增加移动范围的滑移平台、合适的搬运系统装置和安全保护装置等。

（1）滑移平台

对于某些搬运场合，由于搬运空间大，搬运机器人的末端工具无法到达指定的搬运位置或姿态，此时可通过增加外部轴的办法来增加机器人的自由度。其中增加滑移平台是搬运机器人增加自由度最常用的方法，其可安装在地面上或安装在龙门框架上，如图 3-33 所示。

(a) 地面安装   (b) 龙门框架安装

图 3-33　滑移平台安装方式

（2）搬运系统

搬运系统主要包括真空发生装置（如图 3-34 所示）、气体发生装置、液压发生装置等，均为标准件。一般的真空发生装置和气体发生装置均可满足吸盘和气动夹钳所需动力，企业常用空气控压站为整个车间提供压缩空气和抽真空；液压发生装置的动力元件（电动机、液压泵等）布置在搬运机器人周围。

图 3-34　大型真空负压站

（3）输送线系统

输送线系统的主要功能是把上料位置处的工件传送到输送线的末端落料台上，以便于机器人搬运。输送线系统如图 3-35 所示。上料位置处装有光电传感器，用于检测是否有工件，若有工件，将启动输送线，输送工件。输送线的末端落料台也装有光电传感器，用于检测落料台上是否有工件，若有工件，将启动机器人来搬运。输送线由三相交流电动机拖动，变频器调速控制。

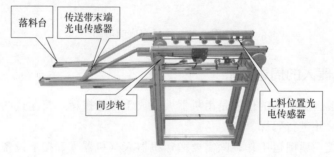

落料台　　传送带末端光电传感器

同步轮　　　　　　　　上料位置光电传感器

图 3-35　输送线系统

（4）仓储

1）平面仓库

如图 3-36 所示的平面仓库有一个反射式光纤传感器，用于检测仓库是否已满。若仓库已满，将不允许机器人向仓库中搬运工件。

2）立体仓储

如图 3-37 所示的立体仓储由传输带、搬运工业机器人与立式仓库组成。

（5）PLC 控制柜

PLC 控制柜用来安装断路器、PLC、变频器、中间继电器和变压器等元器件，其中 PLC 是机器人搬运工作站的控制核心。搬运机器人的启动与停止、输送线的运行等，均由 PLC 实现。PLC 控制柜内部图如图 3-38 所示。

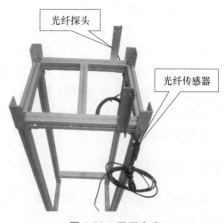

图 3-36　平面仓库

图 3-37　立体仓储

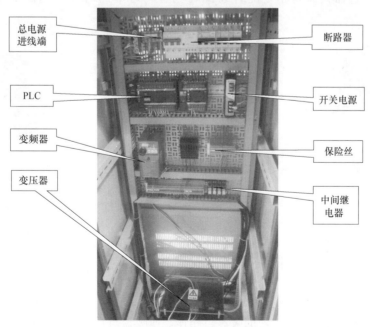

图 3-38　PLC 控制柜内部图

（6）安全围栏

如图 3-39 所示，安全围栏材料可选用 3030 工业型铝材，上层为软质遮弧光板，下层选用镀锌钢板，中立柱采用 3060 工业型铝材，拐角及门洞采用 6060 工业型铝材。正面设置常开式门，门口可设有安全光栅。

图 3-39　安全围栏

3.1.5　执行装置

执行元件（如液压缸）与夹钳一体，需安装在搬运机器人末端法兰上。

（1）手爪

1）夹钳式

夹钳式手爪是装配过程中最常用的一类手爪，多采用气动或伺服电动机驱动，闭环控制配备传感器可实现准确控制手爪启动、停止及其转速，并对外部信号做出准确反应。夹钳式装配手爪具有重量轻、出力大、速度高、惯性小、灵敏度高、转动平滑、力矩稳定等特点，其结构类似于搬运作业夹钳式手爪，但又比搬运作业夹钳式手爪精度高、柔顺性好，如图 3-40 所示。

2）专用式

专用式手爪是在装配中针对某一类装配场合单独设计的末端执行器，且部分带有磁力，常见的主要是螺钉、螺栓的装配，多采用气动或伺服电动机驱动，如图 3-41 所示。

3）组合式

组合式末端执行器在装配作业中是通过组合获得各单组手爪优势的一类手爪，灵活性较大，多用于机器人需要相互配合装配的场合，可节约时间、提高效率，如图 3-42 所示。

图 3-40　夹钳式手爪

图 3-41　专用式手爪

图 3-42　组合式手爪

（2）吸盘

常用的几种普通型吸盘的结构如图 3-43 所示。图 3-43（a）所示为普通型直进气吸盘，靠头部的螺纹可直接与真空发生器的吸气口相连，使吸盘与真空发生器成为一体，结构非常紧凑。图 3-43（b）所示为普通型侧向进气吸盘，其中弹簧用来缓冲吸盘部件的运动惯性，可减小对工件的撞击力。图 3-43（c）所示为带支撑楔的吸盘，这种吸盘结构稳定，变形量小，并能在竖直吸吊物体时产生更大的摩擦力。图 3-43（d）所示为采用金属骨架，由橡胶压制而成的碟盘形大直径吸盘。吸盘作用面采用双重密封结构面，大径面为轻吮吸启动面，小径面为吸牢有效作用面。柔软的轻吮吸启动使得吸着动作特别轻柔，不伤工件，且易于吸附。图 3-43（e）所示为波纹型吸盘，其可利用波纹的变形来补偿高度的变化，往往用于吸附工件高度变化的场合。图 3-43（f）所示为球铰式吸盘，吸盘可自由转动，以适应工件吸附表面的倾斜，转动范围可达 $30° \sim 50°$，吸盘体上的抽吸孔通过贯穿球节的孔，与安装在球节端部的吸盘相通。

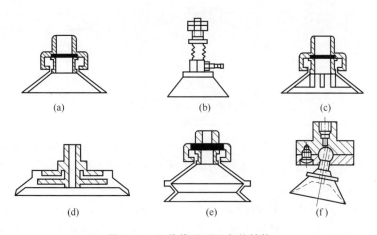

图 3-43　几种普通型吸盘的结构

3.1.6　工业机器人搬运工作站的连接与参数设置

搬运机器人是一个完整系统。以关节式搬运机器人为例，其工作站主要由操作机、控制系统、搬运系统（气体发生装置、真空发生装置和手爪等）和安全保护装置组成。如图 3-44所示。

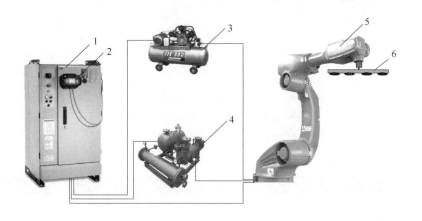

图 3-44　搬运机器人系统组成

1—机器人控制柜；2—示教器；3—气体发生装置；4—真空发生装置；5—操作机；6—端拾器（手爪）

（1）搬运工作站硬件系统

搬运工作站硬件系统以 PLC 为核心，控制变频器、机器人的运行。

1）接口配置

PLC 选用 OMRON CP1L-M40DR.D 型，机器人本体选用安川 MH6 型，机器人控制器选用 DX100。根据控制要求，机器人与 PLC 的 I/O 接口分配见表 3-3。

表 3-3　机器人与 PLC 的 I/O 接口信号

插头		信号地址	定义的内容	与 PLC 的连接地址
CN308	IN	B1	机器人启动	100.00
		A2	清除机器人报警和错误	101.01
	OUT	B8	机器人运行中	1.00
		A8	机器人伺服已接通	1.01
		A9	机器人报警和错误	1.02
		B10	机器人电池报警	1.03
		A10	机器人已选择远程模式	1.04
		B13	机器人在作业原点	1.05
CN306	IN	B1 IN♯（9）	机器人搬运开始	100.02
	OUT	B8 OUT♯（9）	机器人搬运完成	1.06

CN308 是机器人的专用 I/O 接口，每个接口的功能是固定的，如 CN308 的 B1 输入接口，其功能为"机器人启动"，当 B1 口为高电平时，机器人启动运行，开始执行机器人程序。

CN306 是机器人的通用 I/O 接口，每个接口的功能由用户定义，如将 CN306 的 B1 输入接口 IN♯（9）定义为"机器人搬运开始"，当 B1 口为高电平时，机器人开始搬运工件。

CN307 也是机器人的通用 I/O 接口，每个接口的功能由用户定义，如将 CN307 的 B8、A8 输出接口（OUT17）定义为吸盘 1、2 吸紧功能，当机器人程序使 OUT17 输出为 1 时，YV1 得电，吸盘 1、2 吸紧。CN307 的接口功能定义见表 3-4。

表 3-4　机器人 I/O 接口信号

插头	信号地址	定义的内容	负载
CN307	A8（0UT17＋）/B8（0UT17－）	吸盘 1、2 吸紧	YV1
	A9（0UT18＋）/B9（OUT18－）	吸盘 1、2 释放	YV2
	A10（OUT19＋）/B10（OUT19－）	吸盘 3、4 吸紧	YV3
	A11（OUT20＋）/B11（OUT20－）	吸盘 3、4 释放	YV4

MXT 是机器人的专用输入接口，每个接口的功能是固定的。如 EXSVON 为机器人外部伺服 ON 功能，当 29、30 间接通时，机器人伺服电源接通。搬运工作站所使用的 MXT 接口信号见表 3-5，PLC I/O 地址分配见表 3-6。

表 3-5　机器人 MXT 接口信号

插头	信号地址	定义的内容	继电器
MXT	EXESP1＋（19）/EXESP1－（20）	机器人双回路急停	KA2
	EXESP2＋（21）/EXESP2－（22）		
	EXSVON＋（29）/EXSVON－（30）	机器人外部伺服 ON	KA1
	EXHOLD＋（31）/EXHOLD－（32）	机器人外部暂停	KA3

表 3-6　PLC I/O 接口信号

输入信号			输出信号		
序号	PLC 输入地址	信号名称	序号	PLC 输出地址	信号名称
1	0.00	启动按钮	1	100.00	机器人启动
2	0.01	暂停按钮	2	100.01	清除机器人报警与错误
3	0.02	复位按钮	3	100.02	机器人搬运开始
4	0.03	急停按钮	4	100.03	变频器启停控制
5	0.06	输送线上料检测	5	100.04	变频器故障复位
6	0.07	落料台工件检测	6	101.00	机器人伺服使能
7	0.08	仓库料满检测	7	101.01	机器人急停
8	1.00	机器人运行中	8	101.02	机器人暂停
9	1.01	机器人伺服已接通			
10	1.02	机器人报警/错误			
11	1.03	机器人电池报警			
12	1.04	机器人选择远程模式			
13	1.05	机器人在作业原点			
14	1.06	机器人搬运完成			

2）硬件电路

① PLC 开关量输入信号电路如图 3-45 所示。由于传感器为 NPN 电极开路型，且机器人的输出接口为漏型输出，故 PLC 的输入采用漏型接法，即 COM 端接＋24V。输入信号包括控制按钮和检测用传感器。

② 机器人输出与 PLC 输入接口电路如图 3-46 所示。CN303 的 1、2 端接外部 DC 24V 电源，PLC 输入信号包括"机器人运行中""机器人搬运完成"等机器人的反馈信号。

③ 机器人输入与 PLC 输出接口电路如图 3-47 所示。由于机器人的输入接口为漏型输入，PLC 的输出采用漏型接法。PLC 输出信号包括"机器人启动""机器人搬运开始"等控制机器人运行、停止的信号。

④ 机器人专用输入 MXT 接口电路如图 3-48 所示。继电器 KA2 双回路控制机器人急停，KA1 控制机器人伺服使能，KA3 控制机器人暂停。

⑤ 机器人输出控制电磁阀电路图如图 3-49 所示。通过 CN307 接口控制电磁阀 YV1～YV4，用于抓取或释放工件。

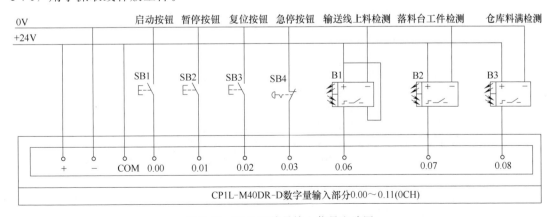

图 3-45　PLC 开关量输入信号电路图

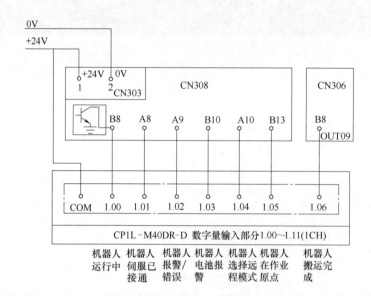

图 3-46　机器人输出与 PLC 输入接口电路图

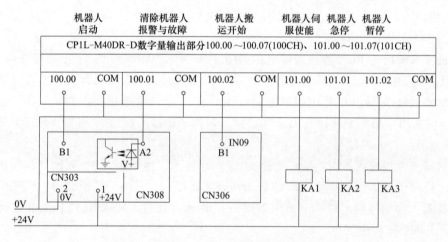

图 3-47　机器人输入与 PLC 输出接口电路图

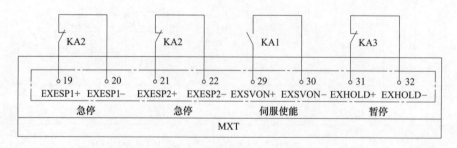

图 3-48　机器人专用输入 MXT 接口电路图

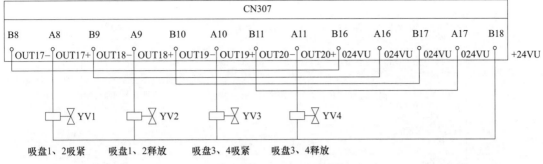

图 3-49 机器人输出控制电磁阀电路图

（2）搬运工作站软件系统

1）搬运工作站 PLC 程序

搬运工作站 PLC 参考程序如图 3-50 所示。

只有在所有的初始条件都满足时，W0.00 得电，按下启动按钮 0.00，101.00 得电，机器人伺服电源接通；如果使能成功，机器人使能已接通反馈信号，1.01 得电，101.00 断电，使能信号解除；同时 100.00 得电，机器人程序启动，机器人开始运行程序，同时其反馈信号 1.00 得电，100.00 断电，程序启动信号解除。

如果在运行过程中，按暂停按钮 0.01，则 101.02 得电，机器人暂停，其反馈信号 1.00 断电。此时机器人的伺服电源仍然接通，机器人只是停止执行程序。按复位按钮 0.02，则 101.02 断电机器人暂停信号解除，同时 100.00 得电，机器人程序再次启动，继续执行程序。

机器人程序启动后，如果落料台上有工件且仓库未满（7 个），则 100.02 得电，机器人将把落料台上的工件搬运到仓库里。

如果在运行过程中按急停按钮 0.03，则 101.01 得电，机器人急停，其反馈信号 1.00、1.01 断电。此时机器人的伺服电源断开，停止执行程序。

急停后，只有使系统恢复到初始状态，按启动按钮，系统才可重新启动。

2）搬运工作站机器人程序

当 PLC 的 100.00 输出"1"时，机器人 CN308 的 B1 输入口接收到该信号，机器人启动，开始执行程序。

执行到 WAIT IN♯（9）=ON 时，机器人等待落料台传感器检测工件。当落料台上有工件时，PLC 的 100.02 输出"1"，向机器人发出"机器人搬运开始"命令，机器人 CN306 的 9 号输出口接收到该信号，继续执行后面的程序。

由于工件在仓库里是层层码垛的，所以机器人每搬运一个工件，末端执行器要逐渐抬高，抬高的距离大于一个工件的厚度。标号 *L0~ *L6 的程序分别为码垛 7 个工件时，末端执行器不同的位置。

机器人如果急停，急停按钮复位后，选择示教器为"示教模式"，通过操作示教器使机器人回到作业原点，并将程序指针指向第一条指令。

3）参数设置

不同系统的工业机器人其参数设置是有差异的，现以 ABB 参数设置为例介绍之。

① 标准 I/O 板配置。

图 3-50　搬运工作站 PLC 参考程序

ABB 标准 I/O 板挂在 DeviceNet 总线上面，常用型号有 DSQC651（8 个数字输入，8 个数字输出，2 个模拟输出），DSQC652（16 个数字输入，16 个数字输出）。在系统中配置标准 I/O 板，至少需要设置以下四项参数，见表 3-7。表 3-8 是某搬运工作站的具体信号配置。

表 3-7 参数项

参数名称	参数注释
Name	I/O 单元名称
Type ofUnit	I/O 单元类型
Connected to Bus	I/O 单元所在总线
DeviceNet Address	I/O 单元所占用总线地址

表 3-8 具体信号配置

Name	Type of Signal	Assigned to Unit	Unit Mapping	I/O 信号注解
di00_Buffer Ready	Digital Input	Board10	0	暂存装置到位信号
di01_Panel In Pick Pos	Digital Input	Board10	1	产品到位信号
di02_Vacuum OK	Digital Input	Board10	2	真空反馈信号
di03_Start	Digital Input	Board10	3	外接"开始"
di04_Stop	Digital Input	Board10	4	外接"停止"
di05_Start At Main	Digital Input	Board10	5	外接"从主程序开始"
di06_Estop Reset	Digital Input	Board10	6	外接"急停复位"
di07_Motor On	Digital Input	Board10	7	外接"电动机上电"
d032_Vacuum Open	Digital Output	Board10	32	打开真空
d033_Auto On	Digital Output	Board10	33	自动状态输出信号
d034_Buffer Full	Digital Output	Board10	34	暂存装置满载

② 数字 I/O 配置。

在 I/O 单元上创建一个数字 I/O 信号，至少需要设置以下四项参数，见表 3-9。表 3-10 是具体含义。

表 3-9 数字 I/O 配置

参数名称	参数注释	参数名称	参数注释
Name	I/O 信号名称	Assigned to Unit	I/O 信号所在 I/O 单元
Type of Signal	I/O 信号类型	Unit Mapping	I/O 信号所占用单元地址

表 3-10 具体含义

参数名称	参数说明
Name	信号名称（必设）
Type of Signal	信号类型（必设）
Assigned to Unit	连接到的 I/O 单元（必设）
Signal Identification label	信号标签，为信号添加标签，便于查看。例如将信号标签与接线端子上标签设为一致，如 Corm. X4、Pin 1
Unit Mapping	占用 I/O 单元的地址（必设）
Category	信号类别，为信号设置分类标签，当信号数量较多时，通过类别过滤，便于分类别查看信号
Access Level	写入权限 Read Only：各客户端均无写入权限，只读状态 Default：可通过指令写入或本地客户端（如示教器）在手动模式下写入 All：各客户端在各模式下均有写入权限
Default Value	默认值，系统启动时其信号默认值

参数名称	参数说明
Filter Time Passive	失效过滤时间(ms),防止信号干扰,如设置为1000,则当信号置为0,持续1s后才视为该信号已置为0(限于输入信号)
Filter Time Active	激活过滤时间(ms),防止信号干扰,如设置为1000,则当信号置为1,持续1s后才视为该信号已置为1(限于输入信号)
Signal Value at System Failure and Power Fail	断电保持,当系统错误或断电时是否保持当前信号状态(限于输出信号)
Store Signal Value at Power Fail	当重启时是否将该信号恢复为断电前的状态(限于输出信号)
Invert Physical Value	信号置反

③ 系统 I/O 配置。

系统输入：将数字输入信号与机器人系统的控制信号关联起来，就可以通过输入信号对系统进行控制（例如，电动机上电、程序启动等）。

系统输出：机器人系统的状态信号也可以与数字输出信号关联起来，将系统的状态输出给外围设备作控制之用（例如，系统运行模式、程序执行错误等）。

系统 I/O 配置如表 3-11 所示，具体配置如表 3-12、表 3-13 所示。

表 3-11 系统 I/O 配置

Name	Signal Name	Action/Status	Argument1	注释
System Input	di03_Start	Start	Continuous	程序启动
System Input	di04_Stop	Stop	无	程序停止
System Input	di05_StartAtMain	Start Main	Continuous	从主程序启动
System Input	di06_EstopReset	Reset Estop	无	急停状态恢复
System Input	di07_MotorOn	Motor On	无	电动机上电
System Output	d033_AutoOn	Auto On	无	自动状态输出

表 3-12 系统输入

系统输入	说明
Motor On	电动机上电
Motor On and Start	电动机上电并启动运行
Motor Off	电动机下电
Load and Start	加载程序并启动运行
Interrupt	中断触发
Start	启动运行
Start at Main	从主程序启动运行
Stop	暂停
Quick Stop	快速停止
Soft Stop	软停止
Stop at End of Cycle	在循环结束后停止
Stop Attend of Instruction	在指令运行结束后停止
Reset Execution Error Signal	报警复位
Reset Emergency Stop	急停复位
System Restart	重启系统
Load	加载程序文件,使用后,之前使用 Load 加载的程序文件将被清除
Backup	系统备份

表 3-13　系统输出

系统输出	说明
Auto On	自动运行状态
Backup Error	备份错误报警
Backup in Progress	系统备份进行中状态,当备份结束或错误时信号复位
Cycle On	程序运行状态
Emergency Stop	紧急停止
Execution Error	运行错误报警
Mechanical Unit Active	激活机械单元
Mechanical Unit Not Moving	机械单元没有运行
Motor Off	电动机下电

3.2　工业机器人码垛工作站的集成

　　码垛机器人是能将不同外形尺寸的包装货物,整齐、自动地码(或拆)在托盘上的机器人,所以也称为托盘码垛机器人。为充分利用托盘的面积和保证码垛物料的稳定性,机器人具有物料码垛顺序排列设定器。通过自动更换工具,码垛机器人可以适应不同的产品,并能够在恶劣环境下工作。

　　码垛机器人对各种形状的产品(箱、罐、包或板材类等)均可作业,还能根据用户要求进行拆垛作业。

3.2.1　码垛机器人的分类

　　码垛机器人同样为工业机器人当中一员,其结构形式和其他类型机器人相似(尤其是搬运机器人),码垛机器人与搬运机器人在本体结构上没有过多区别,通常可认为码垛机器人本体比搬运机器人大,在实际生产当中码垛机器人多为四轴且多数带有辅助连杆,连杆主要起增加力矩和平衡的作用,码垛机器人多不能进行横向或纵向移动,安装在物流线末端,故常见的码垛机器人结构多为关节式码垛机器人、摆臂式码垛机器人和龙门式码垛机器人,如图 3-51 所示。

关节式码垛机器人

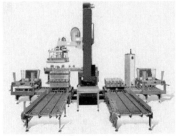
摆臂式码垛机器人

龙门式码垛机器人

图 3-51　码垛机器人分类

　　关节式码垛机器人常见本体多为四轴,亦有五、六轴码垛机器人,但在实际包装码垛物流线中五、六轴码垛机器人相对较少。码垛主要在物流线末端进行,码垛机器人安装在底座(或固定座)上,其位置的高低由生产线高度、托盘高度及码垛层数共同决定,多数情况下,码垛精度的要求没有机床上下料搬运精度高，为节约成本、降低投入资金、提高效益，四轴码垛机器人足以满足日常码垛要求。图 3-52 所示为 KUKA、FANUC、ABB、YASKAWA 四巨头相应的码垛机器人本体结构。

KUKA KR 700 PA   FANUC M-410iB   ABB IRB 660   YASKAWA MPL80

图 3-52 四巨头码垛机器人本体

ABB 机器人公司推出全球最快码垛机器人 IRB 460（图 3-53）。在码垛应用方面，IRB-460 拥有目前各种机器人无法超越的码垛速度，其操作节拍可达 2190 次/h，运行速度比常规机器人提升 15%，作业覆盖范围达到 2.4m，占地面积比一般码垛机器人节省 20%。德国 KUKA 公司推出的精细化工堆垛机器人 KR 180-2 PA Arctic，可在 -30℃ 条件下以 180kg 的全负荷进行工作，且无防护罩和额外加热装置，创造了码垛机器人在寒冷条件下的极限，如图 3-54 所示。

图 3-53 ABB IRB 460

图 3-54 KR 180-2 PA Arctic

3.2.2 码垛机器人的末端执行器

码垛机器人的末端执行器是夹持物品移动的一种装置，其原理结构与搬运机器人类似，常见形式有吸附式、夹板式、抓取式、组合式。

（1）吸附式

吸附式手部靠吸附力取料。根据吸附力的不同有气吸附和磁吸附两种。吸附式手部适用于大平面（单面接触无法抓取，如图 3-55 所示）、易碎（玻璃、磁盘）、微小（不易抓取）的物体，因此适用面也较大。广泛应用于医药、食品、烟酒等行业，对于易碎件，一般采用弹性吸附式手部，如图 3-56 所示。

图 3-55　吸附式手部

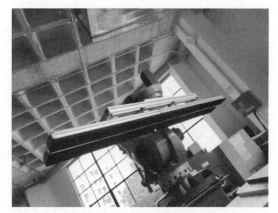

图 3-56　弹性吸附式手部

（2）夹板式

夹板式手爪是码垛过程中最常用的一类手爪，常见的夹板式手爪有单板式和双板式，如图 3-57 所示。手爪主要用于整箱或规则盒码垛，可用于各行各业，夹板式手爪夹持力度比吸附式手爪大，可一次码一箱（盒）或多箱（盒），并且两侧板光滑，不会损伤码垛产品外观质量。单板式与双板式的侧板一般都会有可旋转爪钩，需单独机构控制，工作状态下爪钩与侧板成 90°，起到撑托物件防止在高速运动中物料脱落的作用。

(a) 单板式

(b) 双板式

图 3-57　夹板式手爪

（3）抓取式

抓取式手爪可灵活适应不同形状和内含物（如大米、砂砾、塑料、水泥、化肥等）物料袋的码垛。图 3-58 所示为 ABB 公司配套 IRB 460 和 IRB 660 码垛机器人专用的即插即用 FlexGripper 抓取式手爪，采用不锈钢制作，可胜任极端条件下的作业。

（4）组合式

组合式是通过组合以获得各单组手爪优势的一种手爪，灵活性较大，各单组手爪之间既可单独使用又可配合使用，可同时满足多个工位的码垛，图 3-59 所示为 ABB 公司配套 IRB 460 和 IRB 660 码垛机器人专用的即插即用 FlexGripper 组合式手爪。

码垛机器人手爪的动作需单独外力进行驱动，同搬运机器人一样，需要连接相应外部信号控制装置及传感系统，以控制码垛机器人手爪实时的动作状态及力的大小，其手爪驱动方式多为气动和液压驱动。通常在保证相同夹紧力情况下，气动比液压负载轻、卫生、成本低、易获取，故实际码垛中以压缩空气为驱动力的居多。

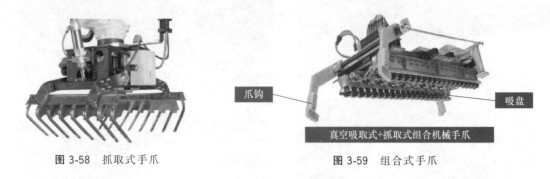

图 3-58 抓取式手爪

图 3-59 组合式手爪

3.2.3 码垛机器人工作站的集成

码垛机器人同搬运机器人一样需要相应的辅助设备组成一个柔性化系统，才能进行码垛作业。以关节式为例，常见的码垛机器人主要由操作机、控制系统、码垛系统（气体发生装置、液压发生装置）和安全保护装置组成，如图 3-60 所示。操作者可通过示教器和操作面板进行码垛机器人运动位置和动作程序的示教，设定运动速度、码垛参数等。

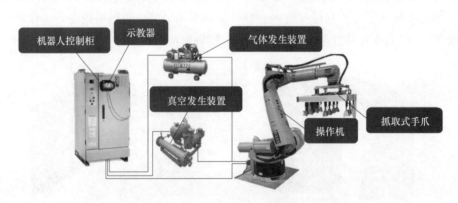

图 3-60 码垛机器人系统组成

3.2.4 码垛机器人的周边设备与工位布局

码垛机器人工作站是一种集成化系统，可与生产系统相连接形成一个完整的集成化包装码垛生产线。码垛机器人完成一项码垛工作，除需要码垛机器人（机器人和码垛设备）外，还需要一些辅助周边设备。同时，为节约生产空间，合理的机器人工位布局尤为重要。

（1）周边设备

目前，常见的码垛机器人辅助装置有金属检测机、重量复检机、自动剔除机、倒袋机、整形机、待码输送机、传送带、码垛系统等装置。

① 金属检测机 对于有些码垛场合，像食品、医药、化妆品、纺织品的码垛，为防止在生产制造过程中混入金属等异物，需要金属检测机进行流水线检测，如图 3-61 所示。

② 重量复检机 重量复检机在自动化码垛流水作业中起重要作用，其可以检测出前工序是否漏装、多装，以及对合格品、欠重品、超重品进行统计，进而达到产品质量控制，如图 3-62 所示。

图 3-61　金属检测机

图 3-62　重量复检机

③ 自动剔除机　自动剔除机是安装在金属检测机和重量复检机之后，主要用于剔除含金属异物及重量不合格的产品，如图 3-63 所示。

④ 倒袋机　倒袋机是将输送过来的袋装码垛物按照预定程序进行输送、倒袋、转位等操作，以使码垛物按流程进入后续工序，如图 3-64 所示。

图 3-63　自动剔除机

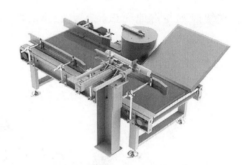

图 3-64　倒袋机

⑤ 整形机　主要针对袋装码垛物的外形整形，经整形机整形后袋装码垛物内可能存在的积聚物会均匀分散，使外形整齐，之后进入后续工序，如图 3-65 所示。

⑥ 待码输送机　待码输送机是码垛机器人生产线的专用输送设备，码垛货物聚集于此，便于码垛机器人末端执行器抓取，可提高码垛机器人的灵活性，如图 3-66 所示。

图 3-65　整形机

图 3-66　待码输送机

⑦ 传送带　传送带是自动化码垛生产线上必不可少的一个环节，不同的工厂可选择不同的形式，如图 3-67 所示。

组合式传送带　　　　　　　　　　　　转弯式传送带

图 3-67　传送带

（2）工位布局

码垛机器人工作站的布局是以提高生产效率、节约场地、实现最佳物流码垛为目的，在实际生产中，常见的码垛工作站布局主要有全面式码垛和集中式码垛两种。

① 全面式码垛　码垛机器人安装在生产线末端，可针对一条或两条生产线，具有较小的输送线成本与占地面积、较大的灵活性和增加生产量等优点，如图 3-68 所示。

图 3-68　全面式码垛

② 集中式码垛　码垛机器人被集中安装在某一区域，可将所有生产线集中在一起，具有较高的输送线成本，节省生产区域资源，节约人员维护成本，一人便可全部操纵，如图 3-69 所示。

在实际生产码垛中，按码垛进出情况通常有一进一出、一进两出、两进两出和四进四出等形式。

③ 一进一出　一进一出常出现在厂源相对较小、码垛线生产比较繁忙的情况，此类型码垛速度较快，托盘分布在机器人左侧或右侧，缺点是需人工换托盘，浪费时间。如图 3-70 所示。

④ 一进两出

在一进一出的基础上添加输出托盘，一侧满盘信号输入，机器人不会停止等待，直接码垛另一侧，码垛效率明显提高，如图 3-71 所示。

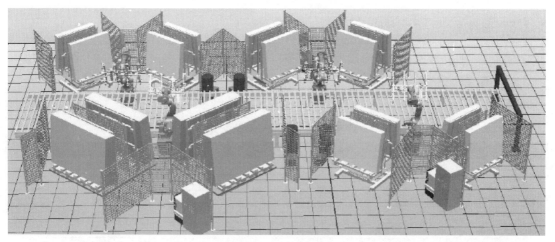

图 3-69　集中式码垛

图 3-70　一进一出

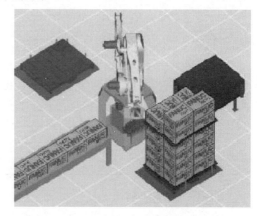

图 3-71　一进两出

⑤ 两进两出　两进两出是两条输送线输入，两条码垛输出，多数两进两出系统无需人工干预，码垛机器人自动定位摆放托盘，是目前应用最多的一种码垛形式，也是性价比最高的一种规划形式，如图 3-72 所示。

⑥ 四进四出　四进四出系统多配有自动更换托盘功能，主要应用于多条生产线的中等产量或低等产量的码垛，如图 3-73 所示。

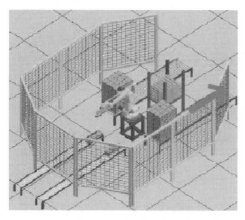

图 3-72　两进两出

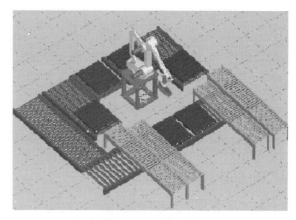

图 3-73　四进四出

3.2.5 参数配置

不同的工业机器人，其信号配置有所不同，现以 ABB 信号的配置为例来介绍之。

（1）配置 I/O 信号

ABB I/O 信号的配置如表 3-14 所示。

表 3-14　I/O 信号参数配置

Name	Type of Signal	Assigned to Unit	Unit Mapping	I/O 信号注释
di00_BoxInPos_L	Digital Input	Board10	0	左侧输入线产品到位信号
di01_BoxlnPos_R	Digital Input	Board10	1	右侧输入线产品到位信号
di02_PalletInPos_L	Digital Input	Board10	2	左侧码盘到位信号
di03_PalletlnPos_R	Digital Input	Board10	3	右侧码盘到位信号
do00_ClampAct	Digital Output	Board10	0	控制夹板
do01_Hook Act	Digital Output	Board10	1	控制钩爪
do02_PalletFull_L	Digital Output	Board10	2	左侧码盘满载信号
do03_PalletFull_R	Digital Output	Board10	3	右侧码盘满载信号
di07_MotorOn	Digital Input	Board10	7	电动机上电（系统输入）
di08_Start	Digital Input	Board10	8	程序开始执行（系统输入）
di09_Stop	Digital Input	Board10	9	程序停止执行（系统输入）
di10_StartAtMain	Digital Input	Board10	10	从主程序开始执行（系统输入）
di11_EstopReset	Digital Input	Board10	11	急停复位（系统输入）
do05_AutoOn	Digital Output	Board10	5	电动机上电状态（系统输出）
do06_Estop	Digital Output	Board10	6	急停状态（系统输出）
do07_CyclcOn	Digital Output	Board10	7	程序正在运行（系统输出）
do08_Error	Digital Output	Boardi0	8	程序报错（系统输出）

（2）系统输入/输出

系统输入/输出参数配置见表 3-15。

表 3-15　系统输入/输出参数配置

Type	Signal Name	Action/Status	Argument	注释
System Input	di07_MotorOn	Motors On	无	电动机上电
System Input	di08_Start	Start	Continuous	程序开始执行
System Input	di09_Stop	Stop	无	程序停止执行
System Input	di10_StartAtMain	Start at Main	Continuous	从主程序开始执行
System Input	di11_EstopReset	Reset Emergency Stop	无	急停复位
System Output	do05_AutoOn	Auto On	无	电动机上电状态
System Output	do06_Estop	Emergency Stop	无	急停状态
System Output	do07_CyclcOn	Cycle On	无	程序正在运行
System Output	do08_Error	Execution Error	T_ROB1	程序报错

3.3　装配工作站的集成

3.3.1　装配机器人分类

如图 3-74 所示，装配机器人在不同装配生产线上发挥着强大的装配作用，装配机器人大多由 4～6 轴组成，目前市场上常见的装配机器人按臂部运动形式可分为直角式装配机器人和关节式装配机器人，关节式装配机器人亦分为水平串联关节式、垂直串联关节式和并联关节式。

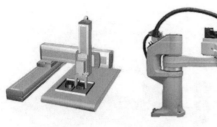
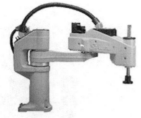

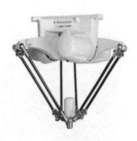

(a)直角式   (b)水平串联关节式   (c)垂直串联关节式   (d)并联关节式

图 3-74　装配机器人分类

（1）直角式装配机器人

如图 3-75 所示，直角式装配机器人亦称单轴机械手，以 XYZ 直角坐标系统为基本数学模型，整体结构模块化设计。可用于零部件移送、简单插入、旋拧等作业，广泛运用于节能灯装配、电子类产品装配和液晶屏装配等场合。

（2）关节式装配机器人

1）水平串联式装配机器人

如图 3-76 所示水平串联式装配机器人，亦称为平面关节型装配机器人或 SCARA 机器人，是目前装配生产线上应用数量最多的一类装配机器人。它属于精密型装配机器人，具有速度快、精度高、柔性好等特点，驱动多为交流伺服电机，保证其较高的重复定位精度，广泛运用于电子、机械和轻工业等有关产品的装配，适合工厂柔性化生产需求。

图 3-75　直角式装配机器人装配缸体   图 3-76　水平串联式装配机器人拾放超薄硅片

2）垂直串联式装配机器人

如图 3-77 所示，垂直串联式装配机器人多有六个自由度，可在空间任意位置确定任意位姿，面向对象多为三维空间的任意位置和姿势的作业。

3）并联式装配机器人

如图 3-78 所示并联式装配机器人，亦称拳头机器人、蜘蛛机器人或 Detla 机器人，是一款轻型、结构紧凑高速装配机器人，可安装在任意倾斜角度上，独特的并联机构可实现快速、敏捷动作且减少了非累积定位误差。其具有小巧高效、安装方便、精准灵敏等优点，广泛运用于 IT、电子装配等领域。

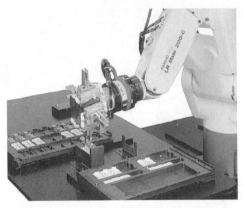

图 3-77　垂直串联式装配机器人组装读卡器

图 3-78　并联式装配机器人组装键盘

3.3.2　装配机器人工作站的电气连接

装配机器人的装配系统主要由操作机、控制系统、装配系统（手爪、气体发生装置、真空发生装置或电动装置）、传感系统和安全保护装置组成，其连接如图 3-79 所示。

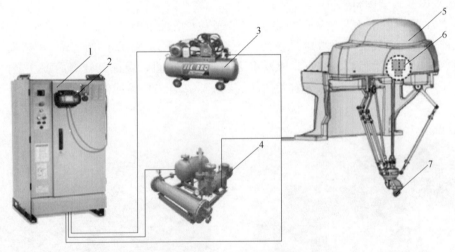

图 3-79　装配机器人工作站的电气连接

1—机器人控制柜；2—示教器；3—气体发生装置；4—真空发生装置；
5—机器人本体；6—视觉传感器；7—气动手爪

第4章

工业机器人的维护

4.1 控制器的维护

4.1.1 ABB 机器人控制器的组成

不同的工业机器人其控制器是不同的，图 4-1 就是常见工业机器人的控制系统。当然，即使相同的工业机器人其控制器也是有差异的。比如 IRC5 为 ABB 所推出的第五代机器人控制器。该控制器采用模块化设计概念，配备符合人机工程学的全新 Windows 界面装置，并通过 MultiMove 功能实现多台（多达 4 台）机器人的完全同步控制，能够通过一台控制器控制多达 4 台机器人和总计 36 个轴，在单机器人工作站中，所有模块均可叠放在一起

(a) ABB工业机器人控制器

(b) KUKA工业机器人控制器

(c) FANUC工业机器人控制器

(d) 安川工业机器人控制器

图 4-1　工业机器人控制系统

（过程模块也可叠放在紧凑型控制器机箱上），也可并排摆放；若采用分布式配置，模块间距可达 75m（驱动模块与机械臂之间的距离应在 50m 以内），实现了最大灵活性。IRC5 控制柜目前有四款不同类型的产品，如图 4-2 所示。

| (a) 单柜式 | (b) 双柜式 | (c) 面板式 | (d) 紧凑型 |

图 4-2　ABB IRC5 控制柜类型

ABB 机器人控制柜的组成如图 4-3 所示，A 为与 PC 通信的接口，B 为现场总线接口，C 为 ABB 标准 I/O 板。

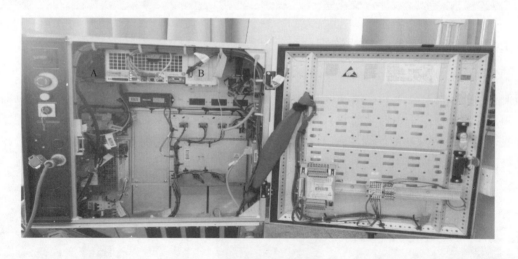

图 4-3　ABB 机器人控制柜的组成

IRC5 Compact controller 由控制器系统部件（如图 4-4 所示）、I/O 系统部件［如图 4-5（a）所示］、主计算机 DSQC 639 部件［如图 4-5（b）所示］及其他部件组成（如图 4-6 所示）。

（1）主计算机单元

主计算机相当于电脑的主机，用于存放系统软件和数据，如图 4-7、图 4-8 所示，主机需要电源模块提供 24V 直流电，主机插有主机启动用的 CF 卡。

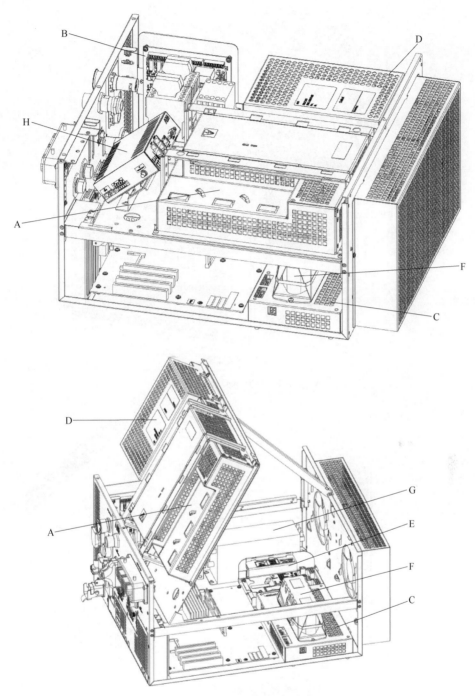

图 4-4 控制器系统

A—主驱动装置，MDU-430C（DSQC 431）；B—安全台（DSQC 400）；C—轴计算机（DSQC 668）；
D—系统电源（DSQC 661）；E—配电板（DSQC 662）；F—备用能源组（DSQC 665）；
G—线性过滤器；H—远程服务箱（DSQC 680）

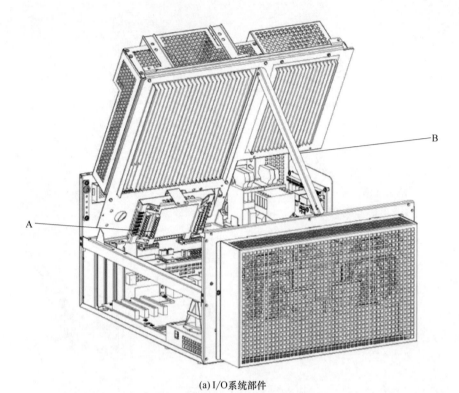

(a) I/O系统部件

A—数字 24V I/O(DSQC 652)；B—支架

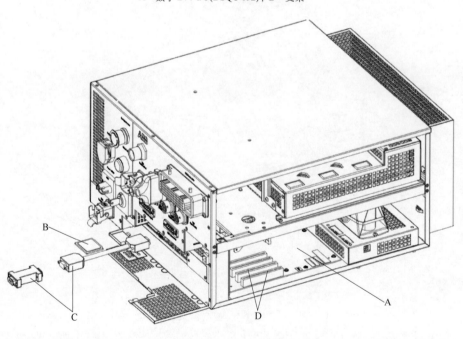

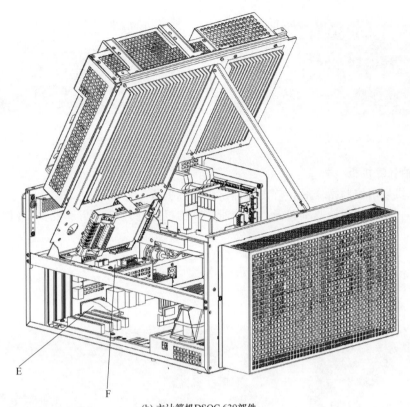

(b) 主计算机DSQC 639部件

图 4-5 I/O 系统部件和主计算机 DSQC 639 部件

A—主计算机 [DSQC 639, 该备件是主计算机装置, 从主计算机装置卸除主机板 (其外壳不可与 IRC5 Compact 搭配使用)];
B—Compact 1GB 闪存 (DSQC 656 1GB); C—RS232/422 转换器 (DSQC 615); D—单 DeviceNet M/S (DSQC 658),
双 DeviceNet M/S (DSQC 659), Profibus-DP 适配器 (DSQC 687); E—Profibus 现场总线适配器 (DSQC 667),
EtherNet/IP 从站 (DSQC 669), Profinet 现场总线适配器 (DSQC 688); F—DeviceNet Lean 板 (DSQC 572)

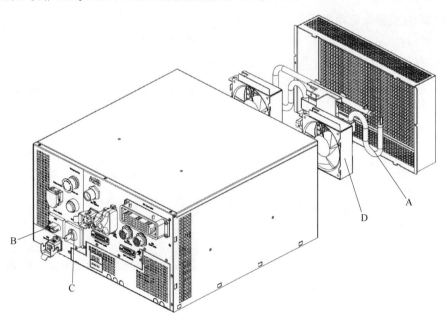

图 4-6 其他部件

A—制动电阻泄流器; B—操作开关; C—凸轮开关; D—带插座的风扇

图 4-7 主机

图 4-8 主机外观

（2）轴计算机板

主计算机发出控制指令后，首先传递给轴计算机板，如图 4-9、图 4-10 所示。轴计算机板处理后再将指令传递给驱动单元，同时轴计算机板还处理串口测量板 SMB 传递的分解器信号。

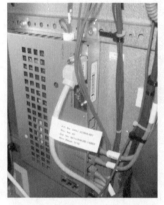

图 4-9 轴计算机板的连接

图 4-10 轴计算机板

（3）六轴机器人驱动单元

驱动单元将变压器提供的三相交流电整流成直流电，再将直流电逆变成交流电，驱动电动机，控制机器人各个关节运动，如图 4-11 所示。

（4）示教器和控制柜操作面板

示教器和控制柜操作面板用于进行手动调试机器人运动。控制柜操作面板有电源总开关、急停开关、电动机通电/复位白色按钮、机器人状态转换开关。按下白色电动机通电/复位按钮，开启电动机。机器人处于急停状态，松开急停按钮后，按下白色电动机通电/复位按钮，机器人恢复正常状态。

（5）串口测量板 SMB

串口测量板 SMB 将伺服电动机的分解器的位置信息进行处理和保存。电池（10.8V 和 7.2V 两种规格）在控制柜断电的情况下，可以保持相关的数据，具有断电保持功能，如图 4-12～图 4-14 所示。

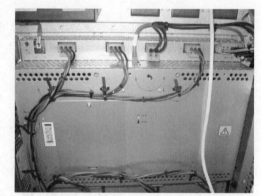

图 4-11 驱动单元

图 4-12　串口测量板位置

图 4-13　串口测量板

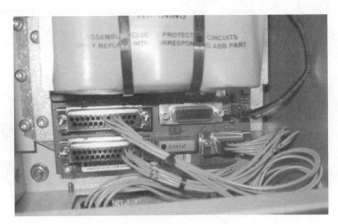

图 4-14　串口测量板连接

（6）系统电源模块

将 230V 交流电整流成直流 24V，给主计算机、示教器等系统组件提供直流 24V 电源，如图 4-15、图 4-16 所示。

图 4-15　系统电源模块连接

图 4-16　系统电源模块

（7）电源分配板

电源分配板将系统电源模块的 24V 电源分配给各个组件，如图 4-17、图 4-18 所示。

X1：24V DC input 直流 24V 输入。

X2：AC ok in/temp ok in 交流电源和温度正常。

X3：24V sys 给驱动单元供电。

X4：24V I/O 给外部 PLC 或 I/O 单元供电。

X5：24V brake/cool 给接触器板供电。

X6：24V PC/sys/cool 其中 PC 给主计算机供电，sys/cool 给安全板供电。

X7：Energy bank 给电容单元供电。

X8：USB 和主计算机的 USB2 通信。

X9：24V cool 给风扇单元供电。

图 4-17 电源分配板连接

图 4-18 电源分配板

（8）电容单元

电容单元用于机器人关闭电源后，持续给主计算机供电，保存数据后再断电，如图 4-19 所示。

（9）接触器板

如图 4-20 所示，接触器板上的 K42、K43 接触器吸合，给驱动器提供三相交流电源。K44 接触器吸合，给电动机抱闸线圈提供 24V 电源，电动机可以旋转，机器人的各关节可以移动。

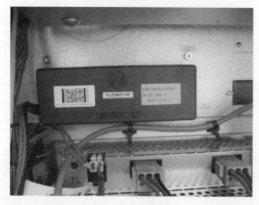
图 4-19 电容单元

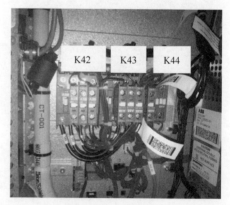
图 4-20 接触器板

（10）安全板

安全板控制总停（GS1、GS2）、自动停（AS1、AS2）、优先停（SS1、SS2）等，如图 4-21 所示。

（11）控制柜变压器

变压器将输入的三相 380V 的交流电源变压成三相 480V（或 262V）交流电源，以及单相 230V 交流电源、单相 115V 交流电源，如图 4-22 所示。

图 4-21 安全板

图 4-22 变压器

（12）泄流电阻

将机器人的多余的能量通过电阻转换成热能释放掉，如图 4-23 所示。

（13）用户供电模块

用户供电模块可以给外部继电器、电磁阀提供直流 24V 电源，如图 4-24 所示。

（14）I/O 单元模块

ABB 的标准 I/O 板提供的常用信号有数字输入 di、数字输出 do、模拟输入 ai、模拟输出 ao 以及输送线跟踪等功能，如图 4-25 所示。

图 4-23 泄流电阻

图 4-24 用户供电模块

图 4-25 I/O 单元模块

（15）控制柜整体连接图

ABB控制柜的整体连接图（图4-26）。

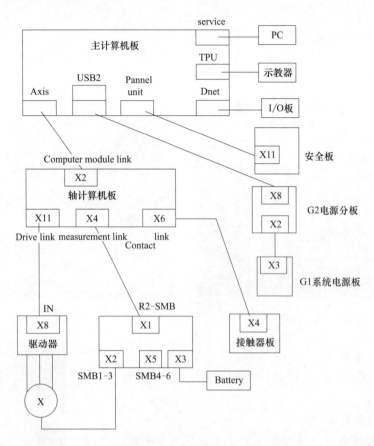

图 4-26　控制柜整体连接图

4.1.2　ABB机器人安全控制回路

机器人控制器有四个独立的安全保护机制，分别为常规停止（GS）、自动停止（AS）、上级停止（SS）、紧急停止（ES）。上级停止（SS）和常规停止（GS）的功能和保护机制基本一致，是常规停止（GS）功能的扩展，主要用于连接安全PLC等外部设备，见表4-1。

表 4-1　安全保护机制

安全保护	保护机制	安全保护	保护机制
常规停止（General Stop）	在任何操作模式下都有效	上级停止（Superior Stop）	在任何模式下都有效
自动停止（Auto Stop）	在自动模式下有效	紧急停止（Emergency Stop）	在急停按钮被按下时有效

自动停止（AS1、AS2）、常规停止（GS1、GS2）、上级停止（SS1、SS2）、紧急停止（ES1、ES2）对应的指示灯点亮，表示对应的回路接通，如图4-27所示。若指示灯灭，表示对应的回路断路。

X1、X2端子用于紧急停止回路，X5端子用于常规停止、自动停止回路，X6端子用于

图 4-27 安全控制回路

上级停止回路，如图 4-28 所示。

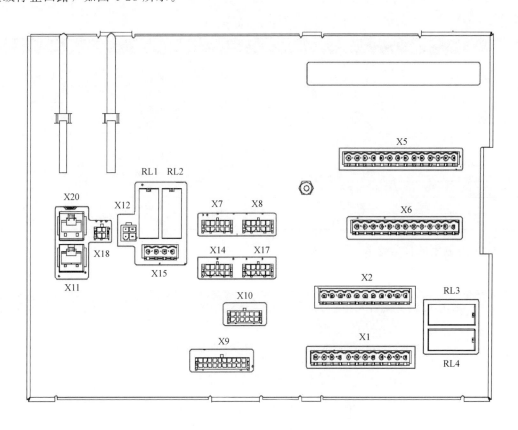

图 4-28 连接板

　　ABB 机器人紧凑型控制柜的急停回路，如图 4-29 所示。急停控制回路实例：在 XS7、
XS8 的 1、2 端接入两路常闭触点。

XS7　XS8　XS9

图 4-29　急停回路

4.1.3　工业机器人控制柜的维护

（1）控制柜维护计划（表 4-2）

表 4-2　控制柜维护计划

序号	设备	维护活动	时间间隔
1	完整的控制柜	检查	12 个月
2	系统风扇	检查	6 个月
3	FlexPendant 示教器	清洁	—
4	紧急停止（FlexPendant 示教器）	功能测试	12 个月
5	模式开关	功能测试	12 个月
6	使能装置	功能测试	12 个月
7	电机接触器 K42、K43	功能测试	12 个月
8	制动接触器 K44	功能测试	12 个月
9	自动停止（如果使用则测试）	功能测试	12 个月
10	常规停止（如果使用则测试）	功能测试	12 个月
11	安全部件	翻新	20 年

（2）控制柜的日常检查（表 4-3）

表 4-3　控制柜的日常检查

序号	操作步骤
1	在控制柜内进行任何作业之前，首先确保主电源已经关闭，断开输入电源线缆与墙壁插座的连接
2	控制柜容易受 ESD（静电放电）影响，所以在进行控制柜日常检查之前需排除静电危险。通常使用手腕带按钮、ESD 保护地垫和防静电桌垫来排除静电放电危险
3	检查控制柜上连线和布线以确认接线准确，并且布线没有损坏
4	检查系统风扇和控制柜表面的通风孔以确保其干净清洁
5	清洁后暂时打开控制柜的电源。确保其正常工作后，关闭电源

1）操作准备

控制柜容易受 ESD（静电放电）影响，所以在进行控制柜常规检查之前需按照表 4-4 所示方法排除静电危险，手腕带按钮如图 4-30 所示。

表 4-4　排除静电危险

序号	操作	注释
1	使用手腕带按钮	手腕带按钮必须经常检查以确保没有损坏并且要正确使用
2	使用 ESD 保护地垫	此垫必须通过限流电阻接地
3	使用防静电桌垫	此垫应能控制静电放电且必须接地

2）控制器线路检查

查看控制器线路航空插头有没有接好，如图 4-31 所示，做到线路接口无松动。

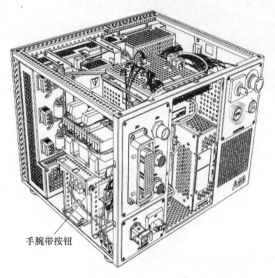

手腕带按钮

图 4-30　手腕带按钮

图 4-31　航空插头

3）散热器状态检查

如果使用环境的温度过高，会触发机器人本身的保护机制而报警，如果不给予处理，持续长时间的高温运行就会损坏机器人的电气相关的模块与元件。

4）控制器状态检查

控制器正常上电后，示教器上无报警。控制器背面的散热风扇运行正常。

5）控制柜外观检查

保持控制柜清洁，四周无杂物，在控制柜的周边要保留足够的空间与位置，以便于操作与维护。

6）检查散热风扇（图 4-32）

7）清洁示教器（表 4-5、图 4-33）

表 4-5　清洁示教器操作步骤

序号	操作
1	关闭控制柜机柜上的主电源开关。断开输入电源线缆与墙壁插座的连接。 注意:该装置易受 ESD 影响，所以操作前需选择使用手腕带按钮、ESD 保护地垫和防静电桌垫来排除静电放电危险
2	使用软布和水或温和的清洁剂来清洁触摸屏和硬件按键 注意:①任何其他清洁设备都可能会缩短触摸屏的使用寿命 ②清洁前，请先检查是否所有保护盖都已安装到示教器，确保没有异物或液体能够渗透到示教器内部 ③切勿用高压清洁器进行喷洒 ④切勿用压缩空气、溶剂、洗涤剂或擦洗海绵来清洁示教器

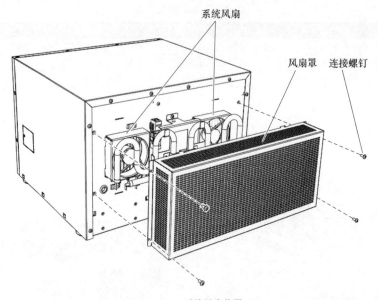

系统风扇

风扇罩　连接螺钉

(a) 系统风扇位置

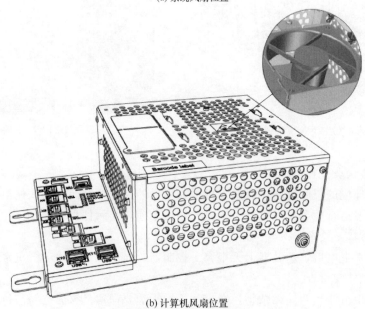

Barcode label

(b) 计算机风扇位置

图 4-32　检查散热风扇

图 4-33　清洁示教器

8）控制柜内部定期清理（表 4-6）

表 4-6　控制柜内部定期清理

防护类型	清洁方法			
	真空吸尘器	用布擦拭	用水冲洗	高压水或蒸汽
Standard	是	是，使用少量清洁剂	否	否
Clean room	是	是，使用少量清洁剂、酒精或异丙醇酒精	否	否

① 使用 ESD 保护。

② 清洁前，请先检查是否所有保护盖都已安装到控制柜。

③ 清洁控制柜外部时，切勿卸除任何盖子或其他保护装置。

④ 切勿使用压缩空气或使用高压清洁器进行喷洒。

（3）清洁散热风扇

1）散热风扇检查

在开始检查作业之前，应关闭机器人的主电源，其操作步骤如图 4-34 所示。

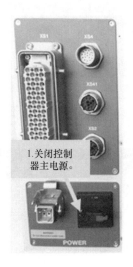
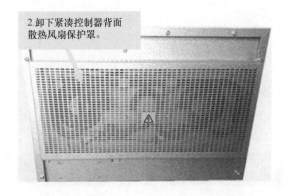
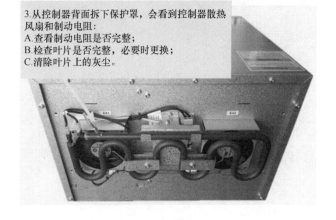

图 4-34　操作步骤

2）散热风扇清洁

在开始检查作业之前，应关闭机器人的主电源，其操作步骤如图 4-35 所示。

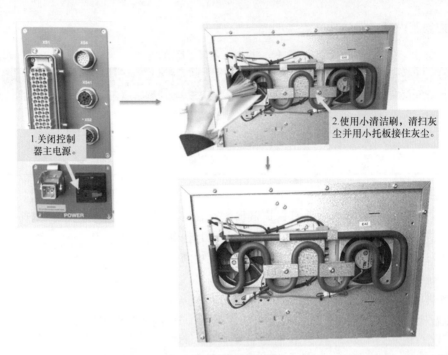

1.关闭控制器主电源。

2.使用小清洁刷，清扫灰尘并用小托板接住灰尘。

图 4-35 散热风扇清洁

4.1.4 工业机器人的检查记录

（1）日检记录（表4-7）

不同的工业机器人其日检是有差异的，表4-7 为 IRB 1200 日检记录表。

表 4-7 IRB 1200 日检记录表

类别	编号	检查项目	要求标准	方法	1	2	3	4	5	6	7	8	9	10	11	12……31
日检	1	本体及控制柜清洁,四周无杂物	无灰尘异物	擦拭												
	2	保持通风良好	清洁无污染	测												
	3	示教器屏幕显示是否正常	显示正常	看												
	4	示教器控制器是否正常	正常控制机器人	试												
	5	检查安全防护装置是否运作正常、急停按钮是否正常等	安全装置运作正常	测试												
	6	气管、接头、气阀有无漏气	密封性完好,无漏气	听、看												
	7	检查电机运转声音是否异常	无异常声响	听												
		确认人签字														
备注	日检要求每日开工前进行。 设备日检、维护正常画"√",使用异常画"△",设备未运行画"/"。															

工业机器人操作与运维自学·考证·上岗一本通（中级）

（2）定期点检（表4-8）

不同的工业机器人其定期点检是不同的，表4-8为IRB 1200定期点检记录表。

表4-8　IRB 1200 定期点检记录表

类别	编号	检查项目	1	2	3	4	5	6……
定期点检[1]	1	清洁机器人						
	2	检查机器人线缆[2]						
	3	检查轴1机械止动销[3]						
	4	检查轴2机械挡块[3]						
	5	检查轴3机械挡块[3]						
		确认人签字						
每12个月	6	检查信息标签						
		确认人签字						
每36个月	7	检查同步带						
		确认人签字						
	8	更换电池组[4]						
		确认人签字						
备注	[1]　"定期"意味着要定期执行相关活动,但实际的间隔可以不遵守机器人制造商的规定。此间隔取决于机器人的操作周期、工作环境和运动模式。通常来说,环境的污染越严重,运动模式越苛刻(电缆线束弯曲越厉害),检查间隔也越短。 [2]　机器人布线包含机器人与控制器机柜之间的布线。如果发现有损坏或裂缝,或即将达到寿命,应更换。 [3]　如果机械挡块被撞到,应立即检查。 [4]　电池的剩余后备电量(机器人电源关闭)不足2个月时,将显示电池低电量警告(38213电池电量低)。通常,如果机器人电源每周关闭2天,则新电池的使用寿命为36个月,而如果机器人电源每天关闭16h,则新电池的使用寿命为18个月。对于较长的生产中断,通过电池关闭服务例行程序可延长使用寿命(大约3倍)。 设备点检、维护正常画"√",使用异常画"△",设备未运行画"/"。									

4.2 减速器的更换

4.2.1　RV减速器的装配

（1）RV减速器的结构和原理

RV减速器是减速器由第一级渐开线齿轮行星传动机构与第二级摆线针轮行星传动机构两部分组成的封闭的差动轮系，如图4-36所示。

（2）RV减速器的组成

如图4-37所示，是在120kg点焊机器人上的RV-6AⅡ减速器。它的额定输入转速为1500r/min，负载为58N·m。它主要包括齿轮轴、曲柄轴、转臂轴承、摆线轮、针轮、刚性盘及输出盘等零部件。

① 齿轮轴：齿轮轴是一根输入轴，它的一端与电动机相接，另一端带一个齿轮，就是一个中心轮，它负责输入功率。它所带的齿轮与所啮合的齿轮是渐开线行星轮。

② 行星轮：它与转臂（曲柄轴）固连，两个行星轮均匀地分布在一个圆周上，起到功率分流作用，即将输入功率分成两路传递给摆线针轮行星机构。

③ 转臂（曲柄轴）：转臂是摆线轮的旋转轴。它的一端与行星轮相连接，另一端与支承

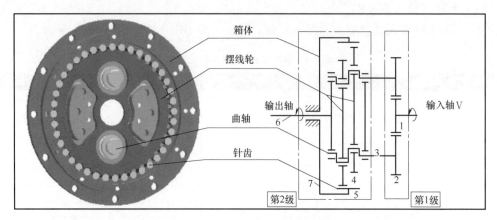

图 4-36 RV 减速器传动原理图

1—输入轴；2—行星轮；3—曲柄轴；4—摆线轮；5—针齿；6—输出轴；7—针齿壳

图 4-37 RV 减速器图

圆盘相连，它可以带动摆线轮产生公转，而且又支承着摆线轮产生自转。

④ 摆线轮（RV 齿轮）：为了实现径向力的平衡，在该传动机构中，一般应采用两个完全相同的摆线轮，分别安装在曲柄轴上，且两摆线轮的偏心位置相互呈 180°对称。

⑤ 针轮：针轮与机架固定在一起，而成为一个针轮壳体，在针轮上安装有 30 个齿。

⑥ 刚性盘与输出盘：输出盘是 RV 传动机构与外界从动工作机相互连接的构件，输出盘与刚性盘相互连接成为一个整体而输出运动或动力。在刚性盘上均匀分布着两个转臂的轴承孔，而转臂的输出端借助于轴承安装在这个刚性盘上。

（3）RV 减速器的装配技术要求

① 安装时请不要对减速器的输出部件、箱体施加压力，连接时请满足机器与减速器之间的同轴度与垂直度的相应要求。

② 减速器初始运行至 400h 应重新更换润滑油，其后的换油周期约为 4000h。

③ 箱体内应该保留足够的润滑油量，并定时检查。当发现油量减少或油质变坏时，应及时补足或更换润滑油，应注意保持减速器外观清洁，及时清除灰尘、污物以利于散热。

（4）RV 减速器的装配注意事项

① 向减速器内添加润滑油时，应使润滑油占全部体积的 10%左右，保证润滑充分。

② 注意保持减速器外观清洁，及时清除灰尘、污物以利于散热。

③ 装配时，严禁用强力敲打 RV 减速器，避免损坏减速器。

④ 涂抹密封胶时，量不能太多，以免密封胶流入减速器内部；量也不能太少，否则会造成密封不良。

4.2.2 谐波减速器的结构原理和更换步骤

谐波减速器是应用于机器人领域的两种主要减速器之一，在关节型机器人中，谐波减速器通常放置在小臂、腕部或手部，如图 4-38 所示。谐波齿轮传动减速器是利用行星齿轮传动原理发展起来的一种新型减速器。谐波传动减速器，是一种靠波发生器装配上柔性轴承使柔性齿轮产生可控弹性变形，并与刚性齿轮相啮合来传递运动和动力的齿轮传动。谐波减速器的外观如图 4-39 所示。

图 4-38 谐波减速器的应用

图 4-39 谐波减速器外观

（1）谐波减速器的结构和原理

如图 4-40 所示，是工业机器人中安装的谐波减速器，它主要由三个基本构件组成：

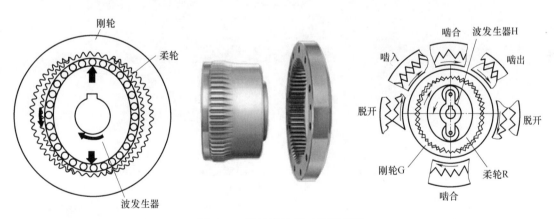

图 4-40 谐波减速器工作原理图

① 带有内齿圈的刚性齿轮（刚轮），它相当于行星系中的中心轮；

② 带有外齿圈的柔性齿轮（柔轮），它相当于行星齿轮；

③ 波发生器 H，它相当于行星架。

三个构件中可任意固定一个，其余两个一为主动，一为从动，可实现减速或增速，也可变成两个输入，一个输出，组成差动传动。作为减速器使用，通常采用波发生器主动，刚轮固定，柔轮输出形式，如图 4-41 所示。

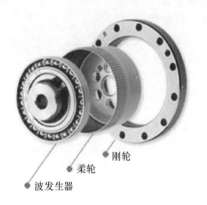

刚轮

柔轮

波发生器

图 4-41　谐波减速器

（2）谐波减速器更换步骤

1）准备工具

如图 4-42 所示，准备：①T 形扳手 T3、T4；②力矩扳手（装 M4、M5 用）；③转接头，M3、M4（加长）内六角头；④内六角扳手一套；⑤钩头扳手（固定带轮用）；⑥尖嘴钳（夹取螺钉垫片用）；⑦M4×30 顶丝若干；⑧螺纹密封胶（带轮螺栓用）；⑨密封胶 1211（端盖用）；⑩记号笔一个（确认螺栓紧固用）；⑪刀子或其他类似工具（清除硅胶用）等；⑫纸盒一个（螺栓保管用），纱布若干；⑬润滑油一袋。

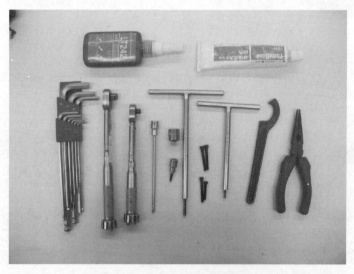

图 4-42　谐波减速器更换用工具

2）拆卸谐波减速器过程

① 如图 4-43 所示，用钩头扳手将带轮固定，用 T4 扳手将带轮松开，小心取下。

② 将 B 轴移动到图 4-44 所示位置，取下带轮后，用 T3 扳手将端盖上的 4 个 M4 紧固螺钉拧下。

③ 如图 4-45 所示，取下螺钉后，用事先准备好的顶丝将端盖顶出、取下。

图 4-43　固定带轮

图 4-44　拧下紧固螺钉

图 4-45　顶出端盖

④ 如图 4-46 所示，用事先准备好的顶丝将谐波减速器的硬齿部分顶起，为防止顶丝起顶过度、划伤对接面，在顶起适当位置后，可用扳手等工具将谐波减速器的硬齿部分翘出。

⑤ 将固定带轮的螺栓取下，旋拧在如图 4-47 位置，抓紧螺栓，用力起拉，将谐波减速器的波发生器从软齿部分中抽出。

图 4-46　翘出硬齿

图 4-47　抽出波发生器

⑥ 用 T4 扳手将固定谐波减速器的软齿部分的所有螺栓取下（如图 4-48 所示），并用顶丝将其顶出，连同上步骤中的轴承套一并取出。

⑦ 如图 4-49 所示，将上述所有零部件、螺钉等用纱布清洁干净，确认所有螺钉、垫片无缺漏。至此谐波减速器的拆卸过程完成。

图 4-48　取出轴承套

图 4-49　清洁 B 轴减速腔

3）安装谐波减速器过程

① 确认所有零部件、螺钉、垫片等无缺漏。

② 如图 4-50 所示，清洁 B 轴减速腔的油污，将谐波减速器的软齿部分安装进去（软齿部分是易损部分，安装时务必轻拿轻放），安装螺钉时遵循对角加紧原则，并用记号笔对各紧固后的螺钉作记号，此处螺钉所需力矩为 4.8N·m。

③ 向腔内注入适量润滑油，如图 4-50 所示。

④ 向图 4-51 所示处均匀涂抹适量 1211 密封胶（切勿将密封胶涂抹到腔内，如若不慎流入腔内，可能造成减速器损坏，务必清除干净）。

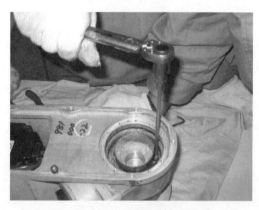

图 4-50　安装谐波减速器的软齿

图 4-51　均匀涂抹适量 1211 密封胶

⑤ 如图 4-52 所示，把谐波减速器的硬齿部分装入腔内，安装螺钉时遵循对角加紧原则，并用记号笔对各紧固后的螺钉作记号，此处螺钉所需力矩为 2.8N·m。

⑥ 如图 4-53 所示，把固定带轮的 M5 螺栓拧到谐波减速器的波发生器上，将波发生器稳稳压进软齿腔内，压入后，把螺栓取下。

图 4-52　装入硬齿部分

图 4-53　波发生器稳压进软齿腔内

⑦ 如图 4-54 所示，把减速器端盖装上，安装螺钉时遵循对角加紧原则，并用记号笔对各紧固后的螺钉作记号，此处螺钉所需力矩为 2.8N·m。

⑧ 如图 4-55 所示，把带轮安装到位，加拧螺钉前，在螺栓前端螺纹处涂螺纹密封胶，加拧过程中用钩头扳手加以固定。

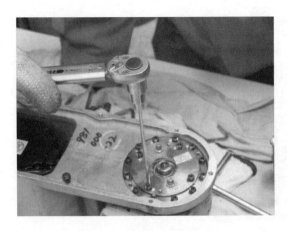

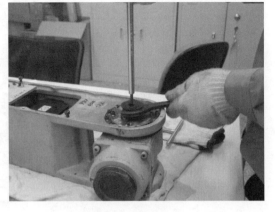

图 4-54　安装减速器端盖　　　　　　　　图 4-55　安装带轮

⑨ 拭除各部分多余油脂，清点工具，确保没有遗留螺栓、垫片。

4.3 │ 更换电缆

4.3.1　更换下端电缆线束（轴 1~3）

工业机器人的电缆位置如图 4-56 所示。

（1）下端电缆线束（轴 1~3）的位置

下端电缆线束（轴 1～3）贯穿了底座、机架和下臂，如图 4-56 与图 4-57 所示。

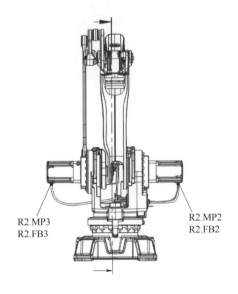

R2.MP3
R2.FB3

R2.MP2
R2.FB2

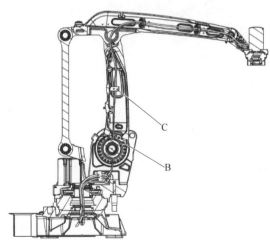

C

B

图 4-56

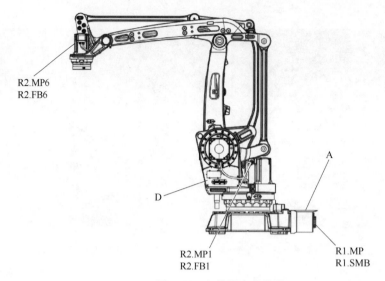

R2.MP6
R2.FB6

A

D

R2.MP1
R2.FB1

R1.MP
R1.SMB

图 4-56　电缆线束的位置

A—顶盖板；B—电缆导向装置，轴 2；C—金属夹具；D—SMB 盖；R2.MP6，R2.FB6—通往轴 6 电机的连接器

（2）拆卸下端电缆线束（轴 1~3）

① 将机器人调至其校准姿态。完成此步骤的目的是帮助更新转数计数器。

② 关闭机器人的所有电力、液压和气压供给。

③ 拧松顶盖板的螺钉并取出盖板，如图 4-58 所示。

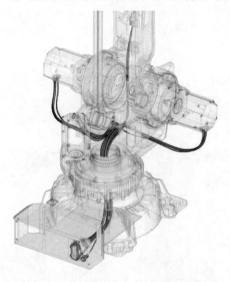

图 4-57　下端电缆线束（轴 1~3）的位置

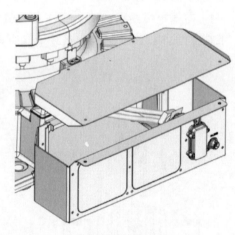

图 4-58　顶盖板

④ 断开接地片，如图 4-59 所示。

⑤ 断开连接器 R1.MP 和 R1.SMB。

⑥ 拧松下臂内部的轴 2 电缆导向装置的螺钉并松开电缆导向装置，如图 4-60 所示。

⑦ 拧松下臂上固定电缆线束的金属夹具中的螺母。

⑧ 拧松轴 1、2 和 3 的电机盖的螺钉，并取出电机盖。完成此步骤的目的在于接触电机连接器。

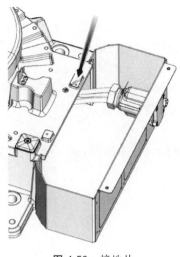

图 4-59 接地片

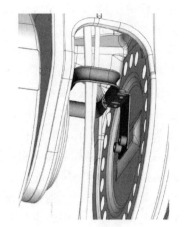

图 4-60 电缆导向装置

⑨ 断开轴 1、2 和 3 电机处的所有连接器。

⑩ 小心谨慎地打开 SMB 盖。

⑪ 断开电池和 SMB 单元之间的电池电缆上的 R1. G 连接器,这样可以在重新安装后使转数计数器进行必要更新。

⑫ 将连接器 R2. SMB、R1. SMB1-3、R1. SMB6 从 SMB 单元断开。

⑬ 将 X8、X9 和 X10 从制动闸释放装置断开。

⑭ 卸下 SMB 盖并将其放在安全的位置。

⑮ 拧松 SMB 凹槽中的 SMB 电缆密封套螺钉并取出电缆密封套,如图 4-61 所示。取出时需要多加小心,勿使 SMB 凹槽中的任何组件受损。

⑯ 轻轻地将电缆线束从底座处通过电缆密封套,轴 1 和机架拉出,如图 4-62 所示。

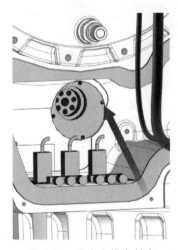

图 4-61 取出电缆密封套

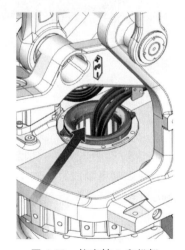

图 4-62 拉出轴 1 和机架

⑰ 接下来是卸下上臂中的电缆线束。

(3) 安装下端电缆线束(轴 1~3)

① 将电缆线束和连接头通过机架中心的轴 1 电缆导向套向下压,如图 4-62 所示。确保

电缆不相互缠绕，也不与可能存在的客户线束缠绕。

② 通过机架拉出 SMB 单元电缆和连接器，并用连接螺钉将电缆密封套重新安装到 SMB 凹槽中。重新安装时需要多加小心，勿使 SMB 凹槽中的任何组件受损。

③ 重新连接机器人底座处的连接器 R1.MP 和 R1.SMB。

④ 重新连接接地片，如图 4-59 所示。

⑤ 用连接螺钉将顶盖板重新安装到机器人底座上，如图 4-58 所示。

⑥ 重新连接轴 1、2 和 3 电机处的所有连接器。

⑦ 重新连接 SMB 单元的连接器 R2.SMB、R1.SMB1-3、R1.SMB6。重新将 X8、X9 和 X10 连接到制动闸释放装置。重新连接 R1.G。

⑧ 用连接螺钉固定 SMB 盖。

⑨ 将电缆线束向上推，通过上臂。

⑩ 拧紧上臂处固定电缆线束的金属夹具的螺母。

⑪ 重新安装电缆导向装置轴 2，如图 4-60 所示。

⑫ 接下来是重新安装上臂中的电缆线束。

⑬ 更新转数计数器。

4.3.2 更换上端电缆线束（包括轴 6）

（1）上端电缆线束的位置

上端电缆线束的位置如图 4-63 与图 4-64 所示。

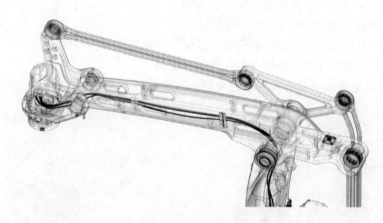

图 4-63 上端电缆线束

（2）拆卸上端电缆线束（轴 6）

① 将机器人调至校准姿态。完成此步骤的目的是为了帮助更新转数计数器。

② 关闭机器人的所有电力、液压和气压供给。

③ 如果正在更换所有的电缆线束，需从拆卸下端电缆线束开始。

④ 拆下通往轴 6 电机的电机电缆。

⑤ 拧松将电缆固定在倾斜机壳上的金属夹具的螺母，以松开夹具，如图 4-65 所示。

⑥ 拧松将电缆线束固定在上臂内的金属夹具的螺母。螺母位于上臂的外侧（2+2 个），如图 4-66 所示。

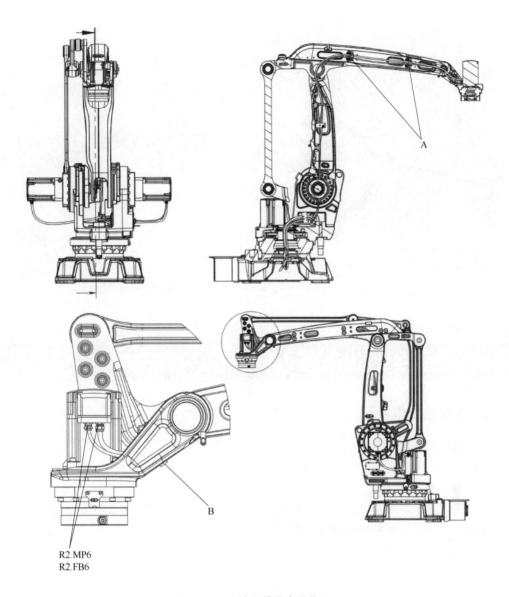

R2.MP6
R2.FB6

图 4-64　上端电缆线束的位置

A—带螺母的金属夹具（上臂）；B—金属夹具（倾斜机壳）；R2. MP6，R2. FB6—通往轴 6 电机的连接器

（3）安装上臂电缆线束

① 如已拆卸了下端电缆线束，需先安装下端电缆线束。

② 将电缆线束推过上臂管。

③ 通过使用上臂外侧的螺母（2＋2 个）固定电缆线束，重新安装上臂内部的电缆线束，如图 4-66 所示。

④ 用螺母将金属夹具重新安装到倾斜机壳上，如图 4-65 所示。

⑤ 重新连接并重新安装轴 6 电机的电机线缆。切勿让电缆相互缠绕。

⑥ 更新转数计数器。

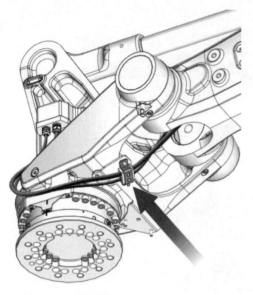

图 4-65 夹具

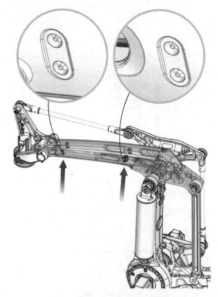

图 4-66 电缆线束夹具

4.4 更换工业机器人的电机

4.4.1 更换轴 1 电机

（1）轴 1 电机的位置

轴 1 电机位于机器人的左侧，如图 4-67 所示。

（2）卸下电机轴 1

① 关闭机器人的所有电力、液压和气压供给。

② 卸下电机盖以接触电机顶部的连接器，如图 4-68 所示。

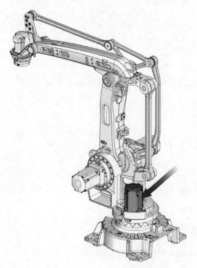

图 4-67 轴 1 电机的位置

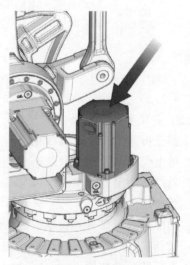

图 4-68 电机盖

③ 卸下电机电缆出口处的电缆密封套盖，如图 4-69 所示。确保垫圈未受损，如有损坏，将其更换。

④ 断开电机盖下方的所有连接器。

⑤ 为释放制动闸，连接 24V DC 电源。连接至连接器 R2. MP1（＋为插脚 2，－为插脚 5）。

⑥ 卸下电机的连接螺钉和垫圈。使用长头螺丝刀，如图 4-70 所示。

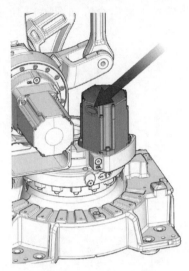

图 4-69　电缆密封套盖

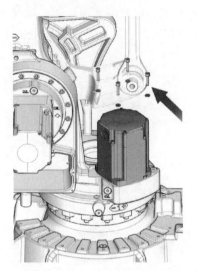

图 4-70　电机的连接螺钉和垫圈

⑦ 如有需要，将两个螺钉安装在电机上用于顶出电机，如图 4-71 所示。务必成对地使用拆卸螺钉和工具。M12×100 是全螺纹。

⑧ 小心地将电机直接向上吊起，卸下电机，将小齿轮从齿轮处移开，如图 4-72 所示。在过程中小心不要损坏小齿轮。

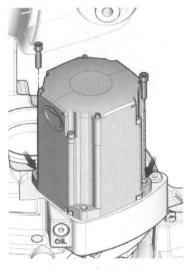

图 4-71　将电机顶出

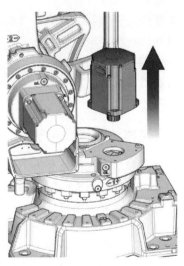

图 4-72　电机直接向上吊起

⑨ 断开制动闸释放电压。

⑩ 检查小齿轮。如果存在任何损伤，则必须更换小齿轮。

（3）重新安装电机轴 1

① 确保 O 形环正好适应电机座的周长，如图 4-73 所示。用少量润滑脂润滑 O 形环。更换电机时，必须更换 O 形环。

② 起吊电机。

③ 为释放制动闸，连接 24V DC 电源。连接至连接器 R2. MP1（＋为插脚 2，－为插脚 5）。

④ 轻轻将电机降到齿轮上，确保小齿轮与轴 1 的齿轮箱正确啮合，如图 4-74 所示。确保电机以正确的方式旋转，确保电机小齿轮不会受损。

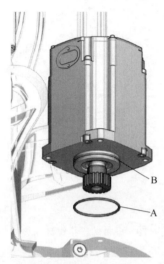

图 4-73　确保 O 形环正好适应电机座的周长
A—O 形环；B—电机周长

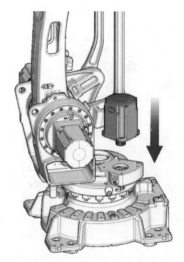

图 4-74　将电机降到齿轮上

⑤ 使用电机的连接螺钉和平垫圈固定电机，如图 4-70 所示。使用长头螺丝刀。

⑥ 断开制动闸释放电压。

⑦ 重新接上电机盖下方的所有连接器。

⑧ 用其连接螺钉重新安装电缆出口处的电缆密封套盖，如图 4-69 所示。确保盖已紧紧地密封。如有损坏，更换垫圈。

⑨ 用连接螺钉重新安装电机盖，如图 4-68 所示。确保盖已紧紧地密封。

⑩ 重新校准机器人。

4.4.2　更换轴 2 和轴 3 电机

（1）轴 2 和 3 电机的位置

轴 2 和 3 电机分别位于机器人的两侧，如图 4-75 所示。

（2）卸下轴 2 和 3 电机

卸下轴 2 和 3 电机的操作一样。

① 将机器人的姿势调整到非常接近校准位置，以使螺钉能够插入锁紧螺钉的螺孔，如图 4-76 所示。

② 通过将锁紧螺钉插入机架的螺孔，锁定下臂。避免轴 2 在拆卸轴 2 齿轮箱时掉落。

③ 将轴 3 微动至终端位置。

④ 释放轴 3 的制动闸，使其静止。

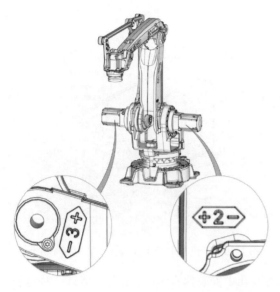

图 4-75　轴 2 和 3 电机的位置

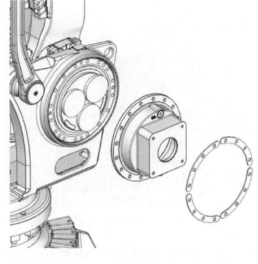

图 4-76　电机法兰的连接

⑤ 关闭机器人的所有电力、液压和气压供给。

⑥ 排出齿轮箱的润滑油。

⑦ 卸下电机盖，如图 4-77 所示。

⑧ 卸下电缆出口处的电缆密封套盖，如图 4-78 所示。确保垫圈未受损。如有损坏，将其更换。

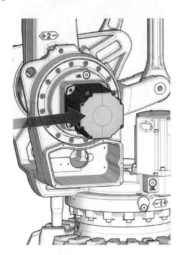

图 4-77　电机盖

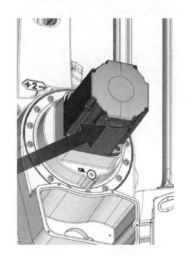

图 4-78　电缆密封套盖

⑨ 断开电机盖下方的所有连接器。

⑩ 为释放制动闸，连接 24V DC 电源。连接至连接器 R2. MP2（＋为插脚 2，－为插脚 5）。

⑪ 拧松电机的连接螺钉和垫圈，如图 4-79 所示。使用长头螺丝刀。

⑫ 在电机的两个连接孔中装上两个导销，如图 4-80 所示。

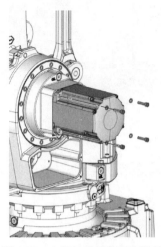

图 4-79　电机的连接螺钉和垫圈

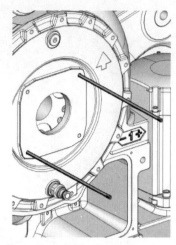

图 4-80　在电机的两个连接孔中装上两个导销

⑬ 如需要，通过在电机成对角的两个剩余连接孔中安装两颗 M12 全螺纹螺钉，将电机顶出，如图 4-81 所示。

⑭ 卸下这两个螺钉并为电机装上轴 2～3 电机起吊工具。

⑮ 拉出导销上的电机以使小齿轮离开齿轮，如图 4-82 所示。确保小齿轮不会受损。

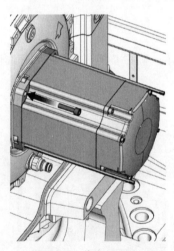

图 4-81　将电机顶出

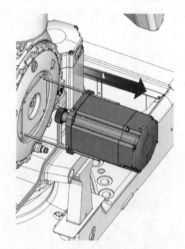

图 4-82　拉出导销上的电机

⑯ 通过轻轻举起电机将其卸下，然后将其放置在固定的表面上。

⑰ 断开制动闸释放电压。

⑱ 检查小齿轮。如果存在任何损伤，则必须更换电机小齿轮。

（3）重新安装轴 2 和 3 电机

两个电机的安装步骤一样。

① 确保 O 形环正好适应电机座的周长。用少量润滑脂润滑 O 形环，如图 4-83 所示。

② 为释放制动闸，连接 24V DC 电源。连接至连接器 R2. MP1（＋为插脚 2，－为插脚 5）。

③ 为电机装上轴 2～3 电机起吊工具。

④ 在电机连接孔中安装两根导销，如图 4-80 所示。

⑤ 吊起电机并引导其移至导销上，如图 4-84 所示。尽可能接近正确的位置，但不把电机小齿轮推入齿轮中。确保电机旋转的方式正确，即电缆的接头朝下。

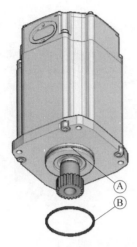

图 4-83　O 形环正好适应电机座的周长

A—周长；B—O 形环

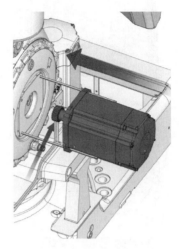

图 4-84　引导电机移至导销上

⑥ 卸下吊运工具并使电机静止在导销上。

⑦ 为了将电机小齿轮与齿轮啮合时使小齿轮旋转，应使用旋转工具（如图 4-85 所示）。安装电机，确保电机小齿轮与轴 2～3 的齿轮箱齿轮正确啮合，且不会受损。在电机盖下方、电机轴上直接使用旋转工具。

⑧ 卸下导销。

⑨ 使用电机的四个连接螺钉和平垫圈固定电机，如图 4-79 所示。使用长头螺丝刀。

⑩ 断开制动闸释放电压。

⑪ 重新接上电机盖下方的所有连接器。根据连接器上的标记进行连接。

⑫ 用两个连接螺钉重新安装电缆出口处的电缆密封套盖，如图 4-78 所示。应使用新垫圈。

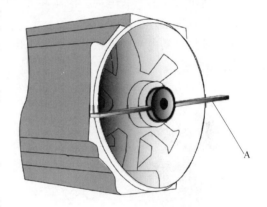

图 4-85　旋转工具

A—旋转工具

⑬ 用连接螺钉和垫圈重新安装电机盖，如图 4-77 所示。确保盖已紧紧地密封。

⑭ 卸下锁紧螺钉螺孔中的锁紧螺钉，如图 4-86 所示。

⑮ 测试轴 2（或 3）齿轮箱的泄漏。

⑯ 向齿轮箱重新注入润滑油。

⑰ 重新校准机器人。

4.4.3　更换轴 6 电机

（1）电机轴 6 的位置

轴 6 电机位于倾斜机壳的中心，如图 4-87 所示。

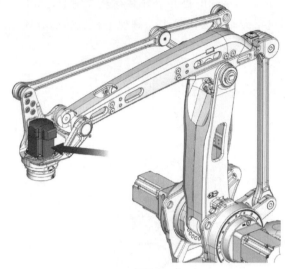

图 4-86　卸下锁紧螺钉　　　　　　　　　　图 4-87　电机轴 6 的位置

（2）卸下轴 6 电机

① 当轴 6 电机立于机器人前方时，将机器人调整到最容易将轴 6 电机卸下的姿势。轴 6 电机无需排出齿轮油即可更换。

② 关闭机器人的所有电力、液压和气压供给。

③ 卸下电机盖，如图 4-88 所示。

④ 通过拧松其内侧的连接螺钉，卸下电缆出口处的电缆密封套盖，如图 4-89 所示。注意确保垫圈未受损。

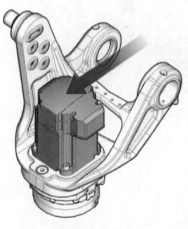

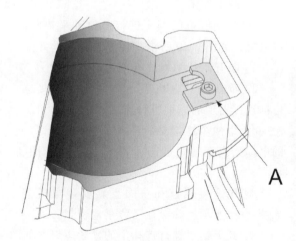

图 4-88　电机盖　　　　　　　　　　　　图 4-89　电缆密封套盖
　　　　　　　　　　　　　　　　　　　A—用于固定电缆密封套的螺钉

⑤ 断开盖下方的所有连接器，如图 4-90 所示。如果机器人配备了 UL 灯，也必须断开通往该灯的连接。

⑥ 为释放制动闸，连接 24V DC 电源。连接至连接器 R2. MP6（＋为插脚 2；－为插脚 5）。

⑦ 卸下连接螺钉和垫圈，如图 4-91 所示。使用长头螺丝刀。

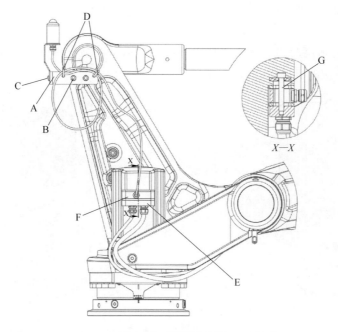

图 4-90　信号灯套件

A—信号灯支架；B—支架连接螺钉，M8×12（2 个）；C—信号灯的连接螺钉（2 个）；D—电缆带（2 个）；
E—电缆接头盖；F—电机适配器（包括垫圈）；G—连接螺钉，M6×40（1 个）

⑧ 如需要，通过在电机成对角的两个连接螺孔中装上两个螺钉，将电机顶出。务必成对地使用拆卸螺钉。

⑨ 小心地吊升电机，使小齿轮离开齿轮，如图 4-92 所示。注意确保小齿轮不会受损。

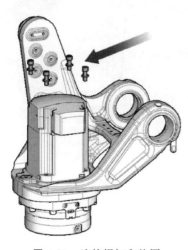

图 4-91　连接螺钉和垫圈

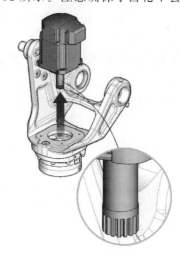

图 4-92　吊升电机

⑩ 断开制动闸释放电压。

⑪ 通过轻轻举起电机将其卸下，然后将其放置在固定的表面上。

（3）重新安装轴 6 电机

① 确保 O 形环正好适应电机座的周长，如图 4-93 所示。用少量润滑脂润滑 O 形环。注意更换电机时，必须更换 O 形环。

② 为释放制动闸，连接 24V DC 电源。连接至连接器 R2. MP6（＋为插脚 2，－为插脚 5）。

③ 将电机小心地吊起到适当的位置，如图 4-94 所示。确保电机小齿轮与轴 6 的齿轮箱正确啮合。注意确保电机以正确的方式旋转。

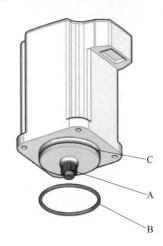

图 4-93　更换 O 形环

A—小齿轮；B—O 形环；C—周长

图 4-94　将电机小心地 吊起到适当的位置

④ 向连接螺钉注入锁紧液体（Loctite 243）。

⑤ 使用电机的四个连接螺钉和垫圈固定电机，如图 4-91 所示。

⑥ 断开制动闸释放电压。

⑦ 重新连接轴 6 电机的所有连接器。根据连接器上的标记进行连接。

⑧ 如果机器人配备了 UL 灯，重新安装到 UL 灯的连接，如图 4-90 所示。

⑨ 检查垫圈，如图 4-95 所示。如已损坏，请进行更换。

⑩ 用其连接螺钉重新安装电缆密封套，如图 4-89 所示。确保垫圈未受损，如有损坏，将其更换。

⑪ 用其连接螺钉和垫圈重新安装轴 6 电机盖，如图 4-88 所示。注意确保盖已紧紧地密封。

⑫ 重新校准机器人。

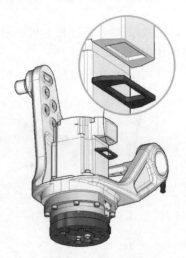

图 4-95　检查垫圈

工业机器人故障的维修与调整

5.1 认识工业机器人的故障维修

5.1.1 工业机器人故障产生的规律

（1）工业机器人性能或状态

工业机器人在使用过程中，其性能或状态随着使用时间的推移而逐步下降，呈现如图5-1所示的曲线。很多故障发生前会有一些预兆，即所谓潜在故障，其可识别的物理参数表明一种功能性故障即将发生。功能性故障表明工业机器人丧失了规定的性能标准。

图5-1中"P"点表示性能已经恶化，并发展到可识别潜在故障的程度，这可能表明金属疲劳的一个裂纹将导致零件折断；可能是振动，表明即将会发生轴承故障；可能是一个过热点，表明电动机将损坏；可能是一个齿轮齿面过多地磨损；等等。"F"点表示潜在故障已变成功能故障，即它已质变到损坏的程度。P—F间隔，就是从潜在

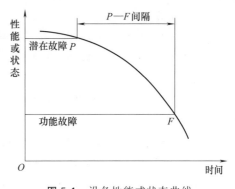

图 5-1 设备性能或状态曲线

故障的显露到转变为功能性故障的时间间隔，各种故障的 P—F 间隔差别很大，可由几秒到好几年，突发故障的 P—F 间隔就很短。较长的间隔意味着有更多的时间来预防功能性故障的发生，此时如果积极主动地寻找潜在故障的物理参数，以采取新的预防技术，就能避免功能性故障，争得较长的使用时间。

（2）机械磨损故障

工业机器人在使用过程中，由于运动机件相互产生摩擦，表面产生刮削、研磨，加上化学物质的侵蚀，就会造成磨损。磨损过程大致为下述三个阶段。

1）初期磨损阶段

多发生于新设备启用初期，主要特征是摩擦表面的凸峰、氧化皮、脱碳层很快被磨去，

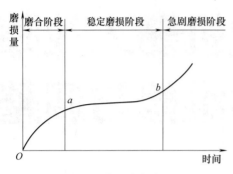

图 5-2　典型磨损过程

使摩擦表面更加贴合，这一过程时间不长，而且对工业机器人有益，通常称为"跑合"，如图 5-2 的 Oa 段。

2）稳定磨损阶段

由于跑合的结果，使运动表面工作在耐磨层，而且相互贴合，接触面积增加，单位接触面上的应力减小，因而磨损增加缓慢，可以持续很长时间，如图 5-2 所示的 ab 段。

3）急剧磨损阶段

随着磨损逐渐积累，零件表面抗磨层的磨耗超过极限程度，磨损速率急剧上升。理论上将正常磨损的终点作为合理磨损的极限。

根据磨损规律，工业机器人的修理应安排在稳定磨损终点 b 为宜。这时，既能充分利用原零件性能，又能防止急剧磨损出现，也可稍有提前，以预防急剧磨损，但不可拖后。若使工业机器人带病工作，势必带来更大的损坏。在正常情况下，b 点的时间一般为 7～10 年。

（3）工业机器人故障率曲线

与一般设备相同，工业机器人的故障率随时间变化的规律可用图 5-3 所示的浴盆曲线（也称失效率曲线）表示。整个使用寿命期，根据工业机器人的故障频率大致分为 3 个阶段，即早期故障期、偶发故障期和耗损故障期。

1）早期故障期

这个时期工业机器人故障率高，但随着使用时间的增加迅速下降。这段时间的长短，随产品、系统的设计与制造质量而异，约为 10 个月。工业机器人使用初期之所以故障频繁，原因大致如下。

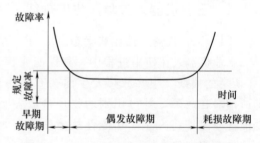

图 5-3　工业机器人故障规律（浴盆曲线）

① 机械部分。工业机器人虽然在出厂前进行过磨合，但时间较短，而且主要是对齿轮之间进行磨合。由于零件的加工表面存在着微观的和宏观的几何形状偏差，部件的装配可能存在误差，因而，在工业机器人使用初期会产生较大的磨合磨损，使设备相对运动部件之间产生较大的间隙，导致故障的发生。

② 电气部分。工业机器人的控制系统使用了大量的电子元器件，这些元器件虽然在制造厂经过了严格的筛选和整机烤机处理，但在实际运行时，由于电路的发热、交变负荷、浪涌电流及反电势的冲击，性能较差的某些元器件经不住考验，因电流冲击或电压击穿而失效，或特性曲线发生变化，从而导致整个系统不能正常工作。

③ 液压部分。出厂后运输及安装阶段的时间较长，使得液压系统中某些部位长时间无

油，气缸中润滑油干涸，而油雾润滑又不可能立即起作用，造成油缸或气缸可能产生锈蚀。此外，新安装的空气管道若清洗不干净，一些杂物和水分也可能进入系统，造成液压气动部分的初期故障。

除此之外，还有元件、材料等原因会造成早期故障，这个时期一般在保修期以内。因此，工业机器人购买后，应尽快使用，使早期故障尽量显示在保修期内。

2）偶发故障期

工业机器人在经历了初期的各种老化、磨合和调整后，开始进入相对稳定的偶发故障期——正常运行期。正常运行期约为 7～10 年。在这个阶段，故障率低而且相对稳定，近似常数。偶发故障是由偶然因素引起的。

3）耗损故障期

耗损故障期出现在工业机器人使用的后期，其特点是故障率随着运行时间的增加而升高。出现这种现象的基本原因是工业机器人的零部件及电子元器件经过长时间的运行，由于疲劳、磨损、老化等原因，使用寿命已接近完结，从而处于频发故障状态。

工业机器人故障率曲线变化的三个阶段，真实地反映了从磨合、调试、正常工作到大修或报废的故障率变化规律，加强工业机器人的日常管理与维护保养，可以延长偶发故障期。准确地找出拐点，可避免过剩修理或修理范围扩大，以获得最佳的投资效益。

（4）工业机器人故障分类

1）按机器人系统发生故障的部件分类

按发生故障的部件不同，机器人故障可分为机械故障和电气故障。

① 机械故障。

机械故障主要发生在机器人的机械本体部分，如润滑、各个关节、电机、减速器、机械手等。

常见的机械故障有：因机械安装、调试及操作不当等原因而引起的机械传动故障。通常表现为各轴处有异响、动作不连贯等。例如，电机或减速器被撞坏、带或齿轮有磨损、电机或减速器参数设置不当等原因均可造成以上故障。

尤其应引起重视的是，机器人各个轴标明的注油点（注油孔）须定时、定量加注润滑油（脂），这是机器人正常运行的保证。

② 电气故障。

电气故障可分为弱电故障与强电故障。

弱电故障主要指主控制器、伺服单元、安全单元、输入/输出装置等电子电路发生的故障。它又可分为硬件故障与软件故障。硬件故障是指上述各装置的集成电路芯片、分立元件、接插件以及外部连接组件等发生的故障。软件故障主要是指加工程序出错、系统程序和参数改变或丢失、系统运算出错等。

强电故障是指继电器、接触器、开关、熔断器、电源变压器、电磁铁、外围行程开关等元器件，以及由其所组成的电路所发生的故障。这部分故障十分常见，必须引起足够的重视。

2）按机器人发生故障的性质分类

按发生故障的性质不同，机器人故障可分为系统性故障和随机性故障。

① 系统性故障。

系统性故障是指只要满足一定的条件或超过某一设定，工作中的机器人必然会发生的故障。这一类故障现象极为常见。例如，电池电量不足或电压不够时必然会发生控制系统故障报警；润滑油（脂）需要更换而导致机器人关节转动异常，机器人检测到力矩等参数超过理论值必然会发生报警；机器人在工作时力矩过大或焊接时电流过高超过某一限值时，必然会发生末端执行器功能的报警。因此，正确使用与精心维护机器人是杜绝或避免这类系统性故障的切实保障。

② 随机性故障。

随机性故障是指机器人在同样的条件下工作时偶然发生的一次或两次故障。有的文献中称此为"软故障"。由于随机性故障是在条件相同的状态下偶然发生的，因此，其原因分析与故障诊断较为困难。一般而言，这类故障的发生往往与安装质量、参数设定、元器件品质、操作失误、维护不当及工作环境等诸因素有关。例如：连接插头没有拧紧、制作插头时出现虚焊等现象、线缆没有整理好或线缆质量不过关等都会引起随机性故障。

3）按机器人发生故障的原因分类

按发生故障的原因不同，机器人故障可分为机器人自身故障和外部故障。

① 机器人自身故障。

机器人自身故障是由机器人自身原因引起的，与外部使用环境无关。机器人所发生的绝大多数故障均属该类故障，主要指的是机器人本体、控制柜、示教器发生了故障。

② 机器人外部故障。

机器人外部故障是由外部原因造成的。例如，机器人的供电电压过低，电压波动过大，电压相序不对或三相电压不平衡；环境温度过高；有害气体、潮气、粉尘侵入数控系统；外来振动和干扰等均有可能使机器人发生故障。

人为因素也可造成这类故障。例如，操作不当，发生碰撞后过载报警；操作人员不按时按量加注润滑油，造成传动噪声等。据有关资料统计，首次使用机器人或由技能不熟练的工人来操作机器人时，在第一年内，由于操作不当所造成的外部故障要占 1/3 以上。

除上述常见分类外，机器人故障还可按故障发生时有无破坏性分为破坏性故障和非破坏性故障；按故障发生的部位不同分为机器人本体故障、控制系统故障、示教器故障、外围设备故障等。

5.1.2 工业机器人故障诊断技术

（1）直观诊断技术

由维修人员的感觉器官对工业机器人进行问、看、听、触、嗅等的诊断，称为"实用诊断技术"，实用诊断技术有时也称为"直观诊断技术"。

1）问

弄清故障是突发的，还是渐发的，工业机器人开动时有哪些异常现象。对比故障前后工件的精度和表面粗糙度，以便分析故障产生的原因，如传动系统是否正常、出力是否均匀、背吃刀量和进给量是否减小等；润滑油品牌号是否符合规定，用量是否适当；工业机器人何时进行过保养检修；等等。

2）看

① 看转速。

观察主传动速度的变化。如：带传动的线速度变慢，可能是传动带过松或负荷太大。对主传动系统中的齿轮，主要看它是否跳动、摆动。对传动轴主要看它是否弯曲或晃动。

② 看颜色。

齿轮运转不正常，就会发热。长时间升温会使工业机器人外表颜色发生变化，大多呈黄色。油箱里的油也会因温升过高而变稀，颜色变样；有时也会因久不换油、杂质过多或油变质而变成深墨色。当然，工业机器人外表颜色发生变化也可能是特殊应用的工业机器人没有做好防护而引起的，比如在喷涂工业机器人上常会出现这种现象。

③ 看伤痕。

工业机器人零部件碰伤损坏部位很容易发现，若发现裂纹时，应作记号，隔一段时间后再比较它的变化情况，以便进行综合分析。

④ 看工件。

对于工业加工工业机器人，若工件表面粗糙度 Ra 数值大，甚至出现波纹，则可能是工业机器人齿轮啮合不良造成的。

⑤ 看变形。

观察工业机器人的坐标轴是否变形、第六轴是否跳动。

⑥ 看油箱。

主要观察油是否变质，确定其能否继续使用。

3）听

一般运行正常的工业机器人，其声响具有一定的音律和节奏，并保持持续的稳定。

4）触

① 温升。

人的手指触觉是很灵敏的，能相当可靠地判断各种异常的温升，其误差可准确到 $3\sim5℃$。

② 振动。

轻微振动可用手感鉴别，至于振动的大小可找一个固定基点，用一只手去同时触摸便可以比较出振动的大小。特别是在第六轴上。

③ 伤痕和波纹。

肉眼看不清的伤痕和波纹，若用手指去摸则可很容易地感觉出来。摸的方法是：对圆形零件要沿切向和轴向分别去摸；对平面则要左右、前后均匀去摸；摸时不能用力太大，只轻轻把手指放在被检查面上接触便可。特别是对于新进或刚安装的工业机器人。

④ 爬行。

用手摸可直观地感觉出来。这种情况在现代工业机器人上出现得不是太多，但在应用丝杠、液压及钢丝传动的工业机器人上出现得就很多了。

⑤ 松或紧。

对于 KUKA 工业机器人，卸开其防护后，用手转动轴或同步齿形带，即可感到接触部位的松紧是否均匀适当。

⑥ 嗅。

剧烈摩擦或电气元件绝缘破损短路，使附着的油脂或其他可燃物质发生氧化蒸发或燃烧产生油烟气、焦烟气等，应用嗅觉诊断的方法可收到较好的效果。

（2）故障诊断方法

1）观察检查法

① 预检查。

预检查是指维修人员根据自身经验，判断最有可能发生故障的部位，然后进行故障检查，进而排除故障。若能在预检查阶段就能确定故障部位，可显著缩短故障诊断时间，有一些常见故障在预检查中即可发现并及时排除。

② 连接检查。

我国工业用电的电网波动较大，而电源是控制系统的能源主要供应部分，电源不正常，控制系统的工作必然异常。

机器人上所有的电缆在维修前应进行严格检查，看其屏蔽、隔离是否良好；按机器人技术手册对接地进行严格测试；检查各电路板之间的连接是否正确；检查接口电缆是否符合要求。

2）参数检查法

机器人系统中有很多参数变量，这些是经过理论计算并通过一系列试验、调整而获得的重要数据，是保证机器人正常运行的前提条件。各参数变量一般存放于机器人的存储器中，一旦电池电量不足或受到外界的干扰等，可能会导致部分参数变量丢失或变化，使机器人无法正常工作。因此，检查和恢复机器人的参数，是维修中行之有效的方法之一。

3）部件替换法

现代机器人系统大都采用模块化设计，按功能不同划分为不同的模块。电路的集成规模越来越大，技术也越来越复杂，按照常规的方法，很难将故障定位在一个很小的区域。在这种情况下，利用部件替换法可快速找到故障，缩短停机时间。

部件替换法是在大致确认了故障范围，并确认外部条件完全相符的情况下，利用相同的电路板、模块或元器件来替代怀疑目标。如果故障现象仍然存在，说明故障与所怀疑目标无关；若故障消失或转移，则说明怀疑目标正是故障板。

部件替换法是电气修理中常用的一种方法，其主要优点是简单易行，能把故障范围缩小到相应的部件上，但如果使用不当，也会带来很多麻烦，造成人为故障，因此，正确使用部件替换法可提高维修工作效率和避免人为故障。

除了上面介绍到的三种主要使用的方法，维修方法还有隔离法、升降温法、测量对比法等，维修人员在实际应用时应根据不同的故障现象加以灵活应用，逐步缩小故障范围，最终排除故障。

5.1.3　故障维修的原则、准备和排障思路

（1）工业机器人故障维修的原则

1）先外部后内部

工业机器人是机械、液压、电气一体化的设备，故其故障的发生必然要从机械、液压、电气这三者综合反映出来。工业机器人的检修要求维修人员掌握先外部后内部的原则。即当工业机器人发生故障后，维修人员应先采用望、闻、听、问等方法，由外向内逐一进行检查。比如：工业机器人的行程开关、按钮开关、液压气动元件以及印制线路板插头座、边缘接插件与外部或相互之间的连接部位、电控柜插座或端子排这些机电设备之间的连接部位，因其接触不良造成信号传递失灵，是产生工业机器人故障的重要因素。此外，由于工业环境中温度、湿度变化较大，油污或粉尘对元件及线路板的污染、机械的振动等，对于信号传送通道的接插件都将产生严重影响。在检修中重视这些因素，首先检查这些部位就可以迅速排

除较多的故障。另外，尽量避免随意地启封、拆卸，不适当地大拆大卸，往往会扩大故障，使工业机器人大伤元气，丧失精度，降低性能。

2）先机械后电气

工业机器人是一种自动化程度高、技术复杂的先进机械加工设备。机械故障一般较易察觉，而控制系统故障的诊断则难度要大些。先机械后电气就是首先检查机械部分是否正常，行程开关是否灵活，气动、液压部分是否存在阻塞现象等。因为工业机器人的故障中有很大部分是由机械动作失灵引起的。所以，在故障检修之前，首先注意排除机械性的故障，往往可以达到事半功倍的效果。

3）先静后动

维修人员本身要做到先静后动，不可盲目动手，应先询问工业机器人操作人员故障发生的过程及状态，阅读工业机器人说明书、图样资料后，方可动手查找处理故障。其次，对有故障的工业机器人也要本着先静后动的原则，先在工业机器人断电的静止状态，通过观察测试、分析，确认为非恶性循环性故障，或非破坏性故障后，方可给工业机器人通电，在运行工况下，进行动态的观察、检验和测试，查找故障，然而对恶性的破坏性故障，必须先行处理排除危险后，方可进入通电，在运行工况下进行动态诊断。

4）先公用后专用

公用性的问题往往影响全局，而专用性的问题只影响局部。如工业机器人的几个进给轴都不能运动，这时应先检查和排除各轴公用的控制系统、电源、液压等的故障，然后再设法排除某轴的局部问题。又如电网或主电源故障是全局性的，因此一般应首先检查电源部分，看看断路器或熔断器是否正常，直流电压输出是否正常。总之，只有先解决影响一大片的主要矛盾，局部的、次要的矛盾才有可能迎刃而解。

5）先简单后复杂

当出现多种故障互相交织掩盖、一时无从下手时，应先解决容易的问题，后解决较大的问题。常常在解决简单故障的过程中，难度大的问题也可能变得容易，或者在排除容易故障时受到启发，对复杂故障的认识更为清晰，从而也有了解决办法。

6）先一般后特殊

在排除某一故障时，要先考虑最常见的可能原因，然后再分析很少发生的特殊原因。

7）先动口再动手

对于有故障的电气设备，不应急于动手，应先询问产生故障的前后经过及故障现象。对于生疏的设备，还应先熟悉电路原理和结构特点，遵守相应规则。拆卸前要充分熟悉每个电气部件的功能、位置、连接方式以及与周围其他器件的关系，在没有组装图的情况下，应一边拆卸，一边画草图，并记上标记。

8）先清洁后维修

对污染较重的电气设备，先对其按钮、接线点、接触点进行清洁，检查外部控制键是否失灵。许多故障都是由脏污及导电尘块引起的，一经清洁故障往往会排除。

9）先软件后硬件

当发生故障的机器人通电后，应先检查控制系统的工作是否正常，因为有些故障可能是系统中参数的丢失，或者是操作人员的使用方式、操作方法不当而造成的。切忌一上来就大拆大卸，以免造成更严重的后果。

10）先电源后设备

电源部分的故障率在整个故障设备中占的比例很高，所以先检修电源往往可以事半功倍。

11）先外围后内部

先不要急于更换损坏的电气部件，在确认外围设备电路正常时，再考虑更换损坏的电气部件。

12）先直流后交流

检修时，必须先检查直流回路静态工作点，再检查交流回路动态工作点。

13）先故障后调试

对于调试和故障并存的电气设备，应先排除故障，再进行调试，调试必须在电气线路正常的前提下进行。

（2）维修前的准备

接到用户的直接要求后，应尽可能直接与用户联系，以便尽快地获取现场信息、现场情况及故障信息。如工业机器人的报警指示或故障现象、用户现场有无备件等。据此预先分析可能出现的故障原因与部位，而后在出发到现场之前，准备好有关的技术资料与维修服务工具、仪器备件等，做到有备而去。

每台工业机器人都应设立维修档案（表5-1），将出现过的故障现象、时间、诊断过程、故障的排除做出详细的记录，就像医院的病历一样。这样做的好处是给以后的故障诊断带来很大的方便和借鉴，有利于工业机器人的故障诊断。

表5-1　某单位工业机器人维修档案

某单位工业机器人维修档案		时间　年　月　日			
设备名称			控制系统维修		年　次
目　的	故障　维修　改造		维修者		
			编　号		
理　由					
此表由维修单位填					
维修单位名称			承担者名		
故障现象及部位					
原　因					
排除方法					
再次发生	预见			有　无　其他	
	使用者要求				
年　月　日					
费用	无偿　有偿				
内容	零件名	修理费	交通费	其他	停机时间
对修理要求的处理					

这里应强调实事求是，特别是涉及操作者失误造成的故障，应详细记载。这只作为故障诊断的参考，而不能作为对操作者惩罚的依据。否则，操作者不如实记录，只能产生恶性循环，造成不应有的损失。这是故障诊断前的准备工作的重要内容，没有这项内容，故障诊断将进行得很艰难，造成的损失也是不可估量的。

（3）机器人故障排除的思路

机器人发生故障后，其诊断与排除思路大体是相同的，主要应遵循以下几个步骤。

1）调查故障现场

当机器人发生故障时，维护维修人员对故障的确认是很有必要的，特别是在操作使用人员不熟悉机器人的情况下。此时，不应该也不能让非专业人士随意开动机器人，以免故障进一步扩大。

在机器人出现故障后，维护维修人员也不要急于动手处理。首先，要查看故障记录，向操作人员询问故障出现的全过程；其次，在确认通电对机器人系统无危险的情况下，再通电亲自观察。特别要注意以下故障信息。

① 在故障发生时，报警号和报警提示是什么？有哪些指示灯和发光管报警？

② 如无报警，机器人处于何种工作状态？机器人的工作方式和诊断结果如何？

③ 故障发生在哪个功能下？故障发生前进行了何种操作？

④ 故障发生时，机器人在哪个位置上？姿态有无异常？

⑤ 以前是否发生过类似故障？现场有无异常现象？故障能否重复发生？

⑥ 观察机器人的外观、内部各部分是否有异常之处。

2）明确故障的复杂程度

列出故障部位的全部疑点，在充分调查和现场掌握第一手材料的基础上，把故障部位的全部疑点正确地罗列出来。

3）分析故障原因

在分析故障时，维修人员不应仅局限于某一部分，而要对机器人机械、电气、软件系统等方面都做详细的检查，并进行综合判断，制定出故障排除的方案，以达到快速确诊和高效率排除故障的目的。

4）检测故障

根据预测的故障原因和预先确定的排除方案，用试验的方法进行验证，逐级来定位故障部位，最终找出发生故障的真正部位。为了准确、快速地定位故障，应遵循"先方案后操作"的原则。

5）故障的排除

根据故障部位及发生故障的准确原因，采用合理的故障排除方法，高效、高质量地修复机器人系统，尽快让机器人投入生产。

6）解决故障后资料的整理

故障排除后，应迅速恢复机器人现场，并做好相关资料的整理、总结工作，以便提高自己的业务水平，方便机器人的后续维护和维修。

5.1.4 工业机器人的维修管理

（1）工业机器人管理的任务及内容

工业机器人管理工作的任务概括为"三好"，即"管好、用好、修好"。

1）管好工业机器人

企业经营者必须管好本单位所拥有的工业机器人，即掌握工业机器人的数量、质量及其变动情况，合理配置工业机器人。严格执行关于设备的移装、调拨、借用、出租、封存、报废、改装及更新的有关管理制度，保证财产的完整齐全，保持其完好和价值。操作工必须管好自己使用的机床，未经上级批准不准他人使用，杜绝无证操作现象。

2）用好工业机器人

企业管理者应教育本部门工人正确使用和精心维护，安排生产时应根据机床的能力，不得有超性能和拼设备之类的短期化行为。操作工必须严格遵守操作维护规程，不超负荷使用及采取不文明的操作方法，认真进行日常保养，使工业机器人保持"整齐、清洁、润滑、安全"。

3）修好工业机器人

车间安排生产时应考虑和预留计划维修时间，防止带病运行。操作工要配合维修工修好设备，及时排除故障。要贯彻"预防为主，养为基础"的原则，实行计划预防修理制度，广泛采用新技术、新工艺，保证修理质量，缩短停机时间，降低修理费用，提高工业机器人的各项技术经济指标。

（2）工业机器人操作工"四会"基本功

① 会使用。操作工应先学习工业机器人操作规程，熟悉设备结构性能、传动装置，懂得加工工艺和工装工具在工业机器人上的正确使用。

② 会维护。能正确执行工业机器人维护和润滑规定，按时清扫，保持设备清洁完好。

③ 会检查。了解设备易损零件部位，知道完好检查项目、标准和方法，并能按规定进行日常检查。

④ 会排除故障。熟悉设备特点，能鉴别设备正常与异常现象，懂得其零部件拆装注意事项，会做一般故障调整或协同维修人员进行排除。

（3）维护使用工业机器人的"四项要求"

① 整齐。工具、工件、附件摆放整齐，设备零部件及安全防护装置齐全，线路管道完整。

② 清洁。设备内外清洁，无"黄袍"，各滑动面、丝杠、齿条、齿轮无油污，无损伤；各部位不漏油、漏水、漏气，铁屑清扫干净。

③ 润滑。按时加油、换油，油质符合要求；油枪、油壶、油杯、油嘴齐全，油毡、油线清洁，油窗明亮，油路畅通。

④ 安全。实行定人定机制度，遵守操作维护规程，合理使用，注意观察运行情况，不出安全事故。

（4）工业机器人操作工的"五项纪律"

① 凭操作证使用设备，遵守安全操作维护规程。

② 经常保持机床整洁，按规定加油，保证合理润滑。

③ 遵守交接班制度。

④ 管好工具、附件，不得遗失。

⑤ 发现异常立即通知有关人员检查处理。

5.2.1 工业机器人本体故障维修

(1) 工业机器人常用电路符号 (表 5-2)

表 5-2 工业机器人常用电路符号

符号	描述	符号	描述	符号	描述
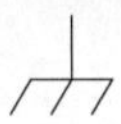	功能性等电位连接	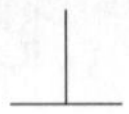	功能性等电位连接	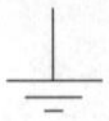	接地
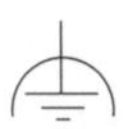	功能性接地	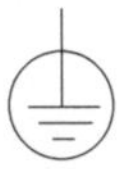	保护接地	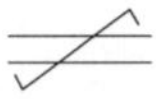	双芯线
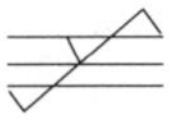	三芯线	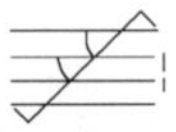	四芯线	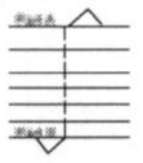	多芯线
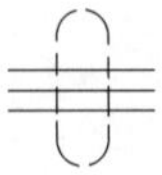	屏蔽保护	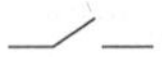	接触点	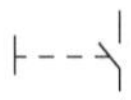	手动开关
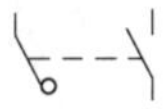	控制开关	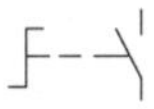	旋钮开关	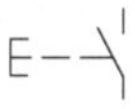	按钮开关
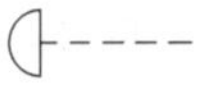	急停开关	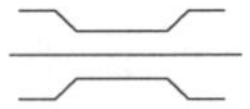	直通接头	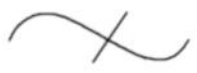	过滤器
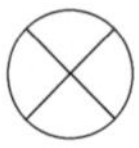	指示灯	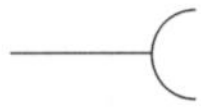	母插头	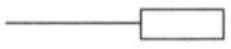	公插针
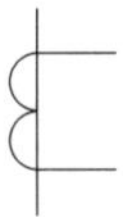	变压器	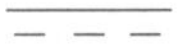	直流电 DC	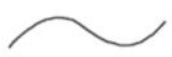	交流电 AC
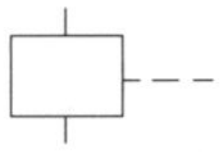	接触器				

(2) 工业机器人本体电路图识读

1）图标识

① 如图 5-4 所示，图标识的是 IRB 120 工业机器人本体里电气元件端子的具体安装位置。

② 电气元件端子有对应的唯一的编号，方便在查看电路图时快速定位电气元件的具体位置。

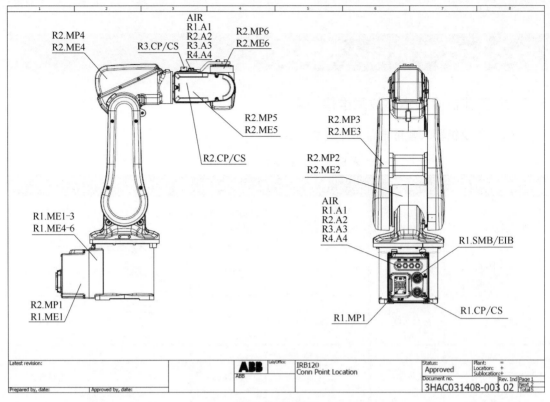

图 5-4　图标识

2）连接器

电缆已集成在机器人中，客户连接器安置在上臂壳体上，如图 5-5 所示，基座上也有一个。上臂壳体上有一个 UTOW01210SH05 连接器（R3. CP/CS）。对应的连接器 UTOW71210PH06（R1. CP/CS）位于基座上。压缩空气软管也集成在操纵器中。基座上有

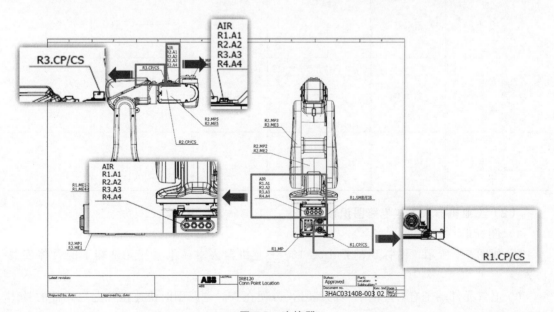

图 5-5　连接器

4 个入口（R1/8"），上臂壳体上有 4 个出口（M5）。

3）EIB 模块连接

如图 5-6 所示，EIB 模块主要用于收集 6 个关节轴编码器的位置信息，并在机器人断电后通过电池继续供电，用于保存机器人本体的位置数据。信号线颜色为 RD（红）、BK（黑）、BU（蓝）、YE（黄）、WH（白）、WH/BU（白蓝）。

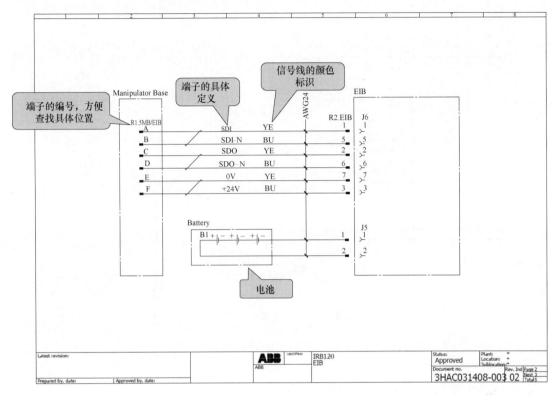

图 5-6　EIB 模块连接

4）伺服电机的接线图（图 5-7）

（3）常见故障诊断与维修

1）振动噪声故障诊断

在工业机器人操作期间，电机、减速器、轴承等不应发出机械噪声及振动。轴承出现故障之前通常发出短暂的摩擦声或者"嘀嗒"声及振动。轴承故障会造成路径精确度不一致，严重可导致接头抱死。

① 振动原因。

工业机器人振动噪声出现的原因有如下几个方面：

- 磨损的轴承；
- 污染物进入轴承圈；
- 轴承没有润滑。

② 噪声原因。

常见的是由减速器故障引起的，减速器故障发出噪声主要是因为减速器过热。减速器过热主要由以下原因造成：

- 使用润滑油的质量差或者油面高度不正确；

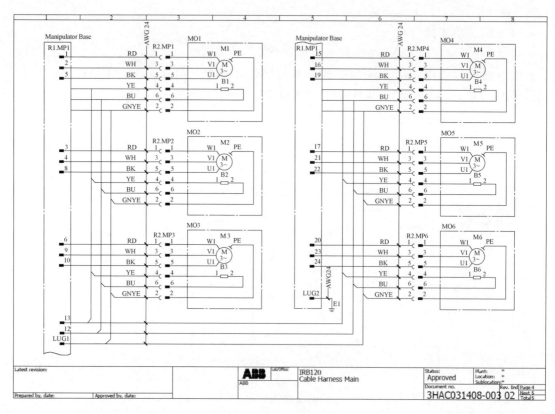

图 5-7 伺服电机的接线图

- 工业机器人工作周期运行特定关节轴太困难；
- 齿轮箱内出现过大压力。

③ 故障处理。

- 本体振动噪声故障处理步骤（表 5-3）

表 5-3 本体振动噪声故障处理步骤

步骤	操作实施	参考信息
1	在接近可能发热的工业机器人组件之前,请遵守安全操作规范	安全注意事项
2	确定发出噪声的轴承	
3	确定轴承有充分的润滑	参考产品手册
4	如有可能,拆开接头并测量间距	
5	电机内的轴承不能单独更换,只能更换整个电机	参考产品手册更换有故障的电机
6	确定轴承正确装配	

- 减速器故障处理步骤（表 5-4）

2）电机过热故障诊断

在工业机器人运行期间，示教器出现"20252"的报警信息，此报警信息表示工业机器人本体中电机温度过高。不要让电机主体的温度超过 105℃，否则可能会对电机造成损害。

① 原因。

出现电机过热的原因可能有以下几个方面：

表 5-4　减速器故障处理步骤

步骤	操作实施	参考信息
1	在接近可能发热的工业机器人组件之前,请遵守安全操作规范	安全注意事项
2	检查油面高度和类型	
3	检查操纵器是否装配有排油插销,如没有建议购买	参考产品手册
4	在应用程序中写入一小段的"冷却周期"	

- 电源电压过高或者下降过多;
- 空气过滤器选件阻塞;
- 电机过载运行;
- 轴承缺油或者损坏。
② 故障处理（表 5-5）。

表 5-5　电机过热故障处理

序号	处理措施	参考信息
1	等待过热电机充分散热	安全注意事项
2	检查电源,调整电源电压的大小	
3	检查控制柜航空插头,并插好	
4	检查空气过滤器选件是否阻塞,如阻塞请更换	参考产品手册
5	确定轴承有充分的润滑	
6	检查轴承是否损坏,电机内的轴承不能单独更换,只能更换整个电机	参考产品手册更换有故障的电机
7	调整后利用程序来调整热量监控设置	

3）齿轮箱漏油/渗油故障诊断

齿轮箱周围的区域出现油泄漏的征兆。这种情况可能发生在底座,最接近配合面,或者在分解器马达的最远端。除了外表肮脏之外,在某些情况下如果泄漏的油量非常少,就不会有严重的后果。但是在某些情况下,漏油会润滑马达制动闸,造成关机时操纵器失效。

① 原因。

该症状可能由以下原因引起:

- 齿轮箱和电机之间的防泄漏密封;
- 变速箱油面过高;
- 使用的油的质量或油面高度不正确;
- 工业机器人工作周期运行特定轴太困难;
- 齿轮箱内出现过大压力。

② 故障处理（表 5-6）。

4）关节故障诊断

在 Motors ON 活动时操纵器能够正常工作,但在 Motors OFF 活动时,它会因为自身的重量而损毁。与每台电机集成的制动闸不能承受操纵臂的重量。

该故障可能对在该区域工作的人员造成严重的伤害或者造成死亡,或者对操纵器或周围的设备造成严重的损坏。

① 原因。

- 有故障的制动器。
- 制动器的电源故障。

表 5-6　齿轮箱漏油/渗油故障处理

序号	诊断	处理
1	检查电机和齿轮箱之间的所有密封和垫圈。不同的操纵器型号使用不同类型的密封	更换密封和垫圈
2	检查齿轮箱油面高度	
3	泄流器的温度最高可达到 80℃	
4	齿轮箱过热可能由以下原因造成： • 使用的油的质量差或油面高度不正确 • 机器人工作周期运行特定轴太困难。研究是否可以在应用程序编程中写入小段的"冷却周期" • 齿轮箱内出现过大的压力	检查油面高度和类型

② 故障处理（表 5-7）。

表 5-7　关节故障诊断处理

序号	操作	参考信息
1	确定造成工业机器人损毁的电机	安全注意事项
2	在 Motors OFF 状态下检查损毁电机的制动闸电源	根据工业机器人和控制器的产品说明书中的电路图操作
3	拆下电机的分解器检查是否有任何漏油的迹象	如果发现故障，必须根据工业机器人的产品手册中所述更换整个马达
4	从齿轮箱拆下电机，从驱动器一侧进行检查	如果发现故障，必须根据工业机器人的产品手册中所述更换整个马达

5.2.2　工业机器人控制系统故障维修

（1）工业机器人控制柜电路图识读

ABB 机器人提供了详细的随机电子手册光盘（以 6.03 版本为例），全部的相关电路图也包含其中，打开控制柜电路图的路径如图 5-8 所示。

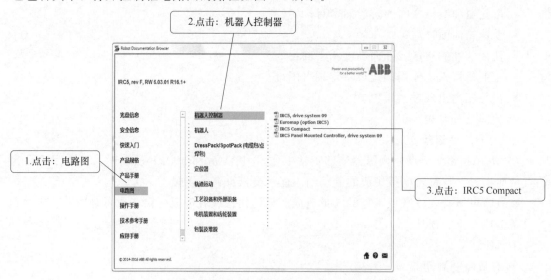

图 5-8　打开控制柜电路图的路径

1) 通过目录查找电路图的基本信息（图 5-9）

页码　内容描述

在电路图的第3页，这里可以查找感兴趣的内容，然后按照页码进行查看。

Latest revision:　　　　ABB　Table of contents:　　Status: Approved　Plant:　Location:　Sublocation:
Prepared by, date: CNWILIUS　Approved by, date:　　Document no. 3HAC049406-003　Rev. Ind 01　Page 3 Next 4 Total52

图 5-9　电路图的基本信息

2) 电路图的基本结构（图 5-10）

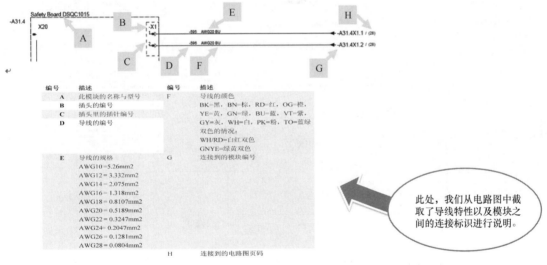

编号	描述	编号	描述
A	此模块的名称与型号	F	导线的颜色
B	插头的编号		BK=黑，BN=棕，RD=红，OG=橙，
C	插头单的插针编号		YE=黄，GN=绿，BU=蓝，VT=紫，
D	导线的编号		GY=灰，WH=白，PK=粉，TO=蓝绿
			双色的情况:
			WH/RD=白红双色
			GNYE=绿黄双色
E	导线的规格	G	连接到的模块编号
	AWG10＝5.26mm2		
	AWG12＝3.332mm2		
	AWG14＝2.075mm2		
	AWG16＝1.318mm2		
	AWG18＝0.8107mm2		
	AWG20＝0.5189mm2		
	AWG22＝0.3247mm2		
	AWG24＝0.2047mm2		
	AWG26＝0.1281mm2		
	AWG28＝0.0804mm2		
		H	连接到的电路图页码

此处，我们从电路图中截取了导线特性以及模块之间的连接标识进行说明。

图 5-10　电路图的基本结构

3) 控制柜各部位标号

如图 5-11 所示，在电路图的第 6 页，图中描述了控制柜各部位的标号及在控制柜的位置，后续电路图中不明白标号意义的可在视图中寻找。

4) 块状图解析

电路图是从主到次，这样逐级细分到每一个接头进行描述的。要看懂这些符号的意思，就要先掌握本任务关于符号与标识的含义。

如图 5-12 所示，块状图在电路图的第 9 页，清晰地表示出各单元之间的连接关系，能够帮助我们快速了解线路走向。

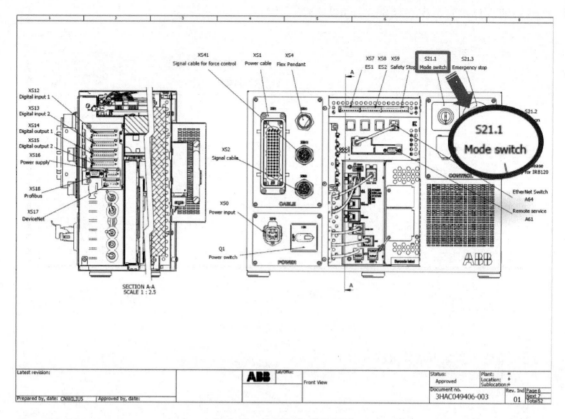

图 5-11　控制柜各部位标号

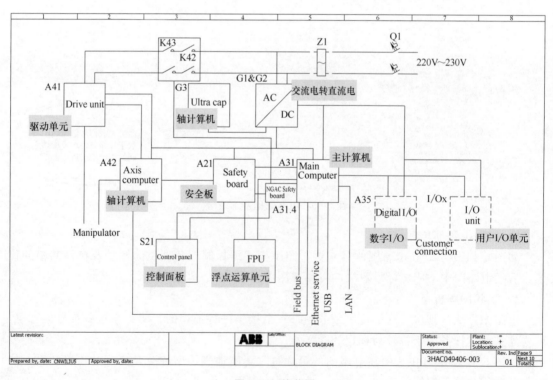

图 5-12　块状图

5）控制面板电路解析

① 如图 5-13 所示截图在电路图的第 16 页，图中描述了控制柜控制面板的控制按钮等与内部元件之间的电路连接。

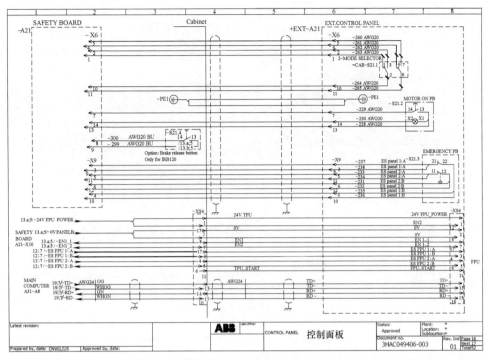

图 5-13　控制按钮等与内部元件之间的连接

② 模块编号是为了连接而进行的编号，从如图 5-14 所示局部放大的电路图可以看出，外部控制面板的线连接到模块的编号如 A21 安全板、A31 主计算机、模块中的插口编号如 X6 和子模块如 A8、插口中针脚的编号如 10 和 11。

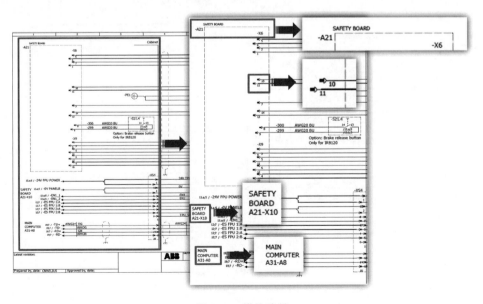

图 5-14　模块编号

③ 如图 5-15 所示截图中局部放大的图展示的是控制面板上抱闸按钮与安全板之间的连接。

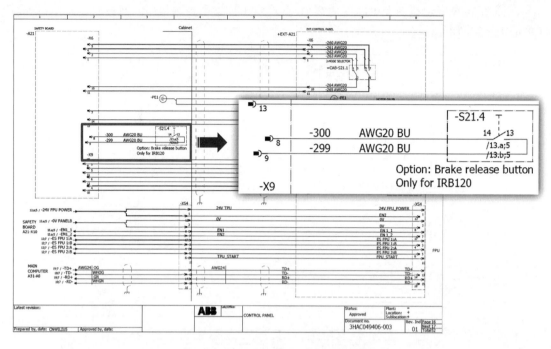

图 5-15　抱闸按钮与安全板之间的连接

④ 如图 5-16 所示局部放大的电路图是模式切换按钮连接到安全板的线路连接，紧凑型控制柜支持两种模式切换：一种是手动减速模式，一种是自动模式。

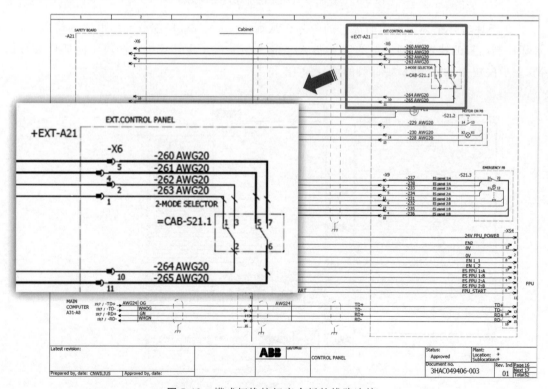

图 5-16　模式切换按钮安全板的线路连接

⑤ 如图5-17所示局部放大的电路图是接地保护线路。

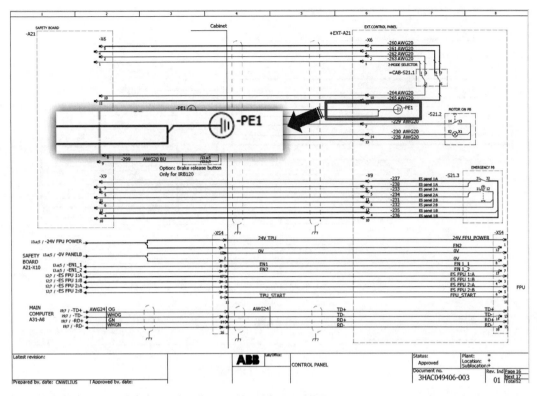

图 5-17 接地保护线路

⑥ 如图5-18所示局部放大的电路图是电机上电按钮连接到安全板的线路，其中包含了按钮以及指示灯的接线。

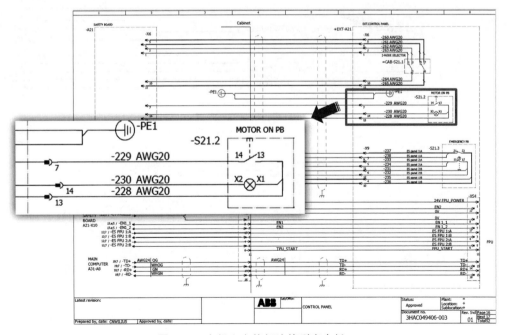

图 5-18 电机上电按钮连接到安全板

第5章 工业机器人故障的维修与调整

⑦ 如图 5-19 所示局部放大的电路图是急停按钮连接到安全板的线路。

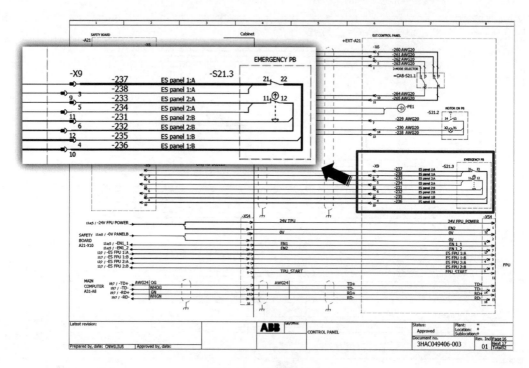

图 5-19　急停按钮连接

⑧ 如图 5-20 所示局部放大的电路图是示教器线缆 XS4 连接到控制柜内部模块的线路，其中"13.a；5"代表在 13.a 页电路图的位置 5 区域的连线。

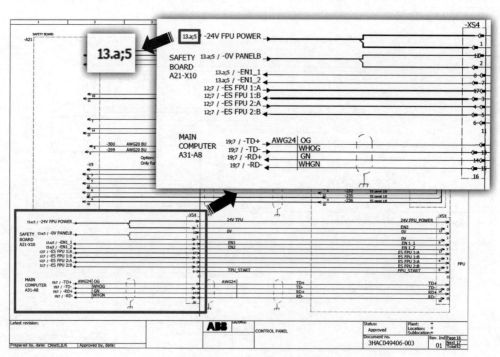

图 5-20　示教器线缆 XS4 连接

工业机器人操作与运维自学・考证・上岗一本通（中级）

⑨ 如图 5-21 所示局部放大的电路图是控制面板中的电路连接对应到 13.a；5 区域的连线。

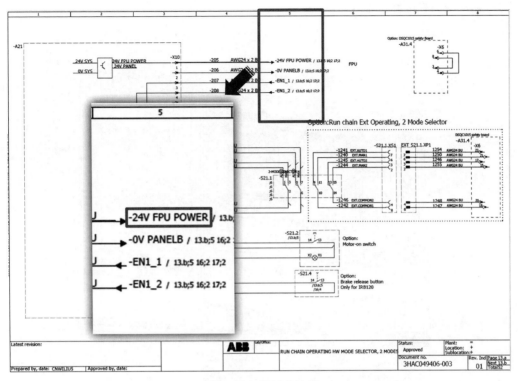

图 5-21　5 区域的连线

⑩ 如图 5-22 所示局部放大的电路图是示教器线缆 XS4 连接到控制柜内部模块的线路。

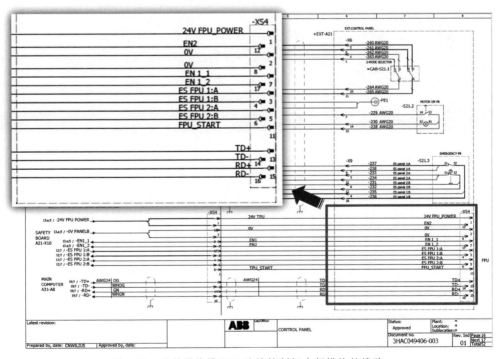

图 5-22　示教器线缆 XS4 连接控制柜内部模块的线路

（2）电源故障诊断与处理

1）标准控制柜电源位置（图 5-23）

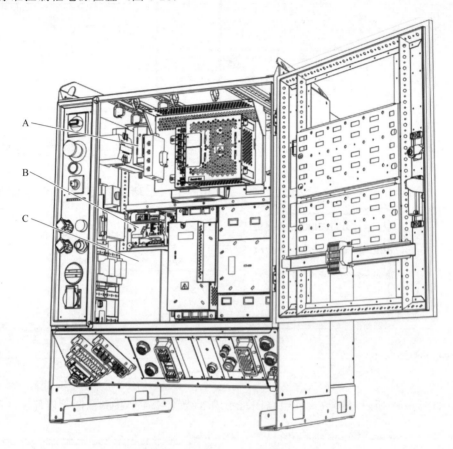

图 5-23 标准控制柜电源位置

A—客户 I/O 电源；B—配电板；C—系统电源

2）故障处理（表 5-8）

表 5-8 标准控制柜电源故障处理

序号	故障原因	采取措施
1	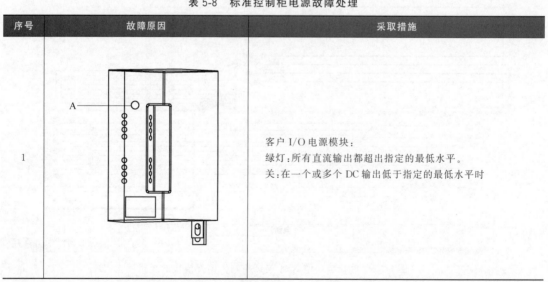	客户 I/O 电源模块： 绿灯：所有直流输出都超出指定的最低水平。 关：在一个或多个 DC 输出低于指定的最低水平时

工业机器人操作与运维自学·考证·上岗一本通（中级）

序号	故障原因	采取措施
2	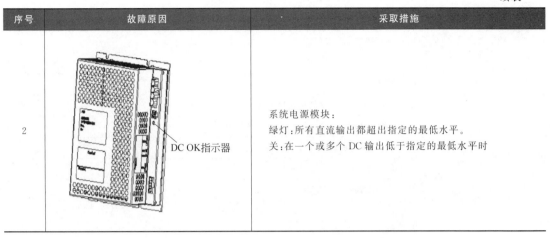DC OK指示器	系统电源模块： 绿灯：所有直流输出都超出指定的最低水平。 关：在一个或多个 DC 输出低于指定的最低水平时

（3）计算机单元故障诊断与处理

1）标准控制柜计算机单元部件位置（图 5-24、表 5-9）

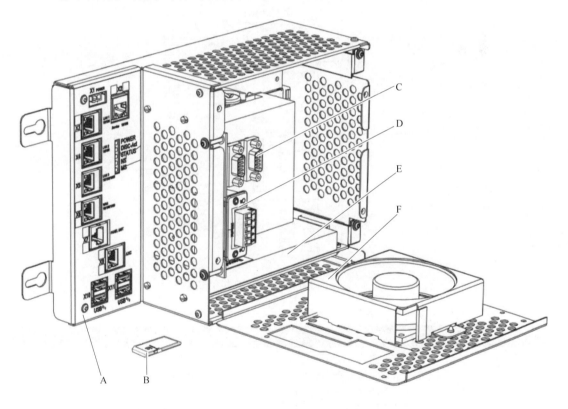

图 5-24 标准控制柜计算机单元部件位置

2）计算机单元 LED 指示灯（图 5-25、表 5-10）

（4）面板模块故障诊断与处理

标准控制柜面板 LED 指示灯（图 5-26、表 5-11）

（5）驱动模块故障诊断与处理

1）标准控制柜驱动模块位置（图 5-27）

表 5-9　标准控制柜计算机单元

位置	名称
A	计算机单元
B	存储器
C	扩展板
D	PROFINET 从现场总线适配器
	PROFIBUS 从现场总线适配器
	Ethernet/IP 从现场总线适配器
	DeviceNet 从现场总线适配器
E	DeviceNet Master/Slave PCIexpress
	PROFIBUS-DP Master/Slave PCIexpress
F	带插座的风扇

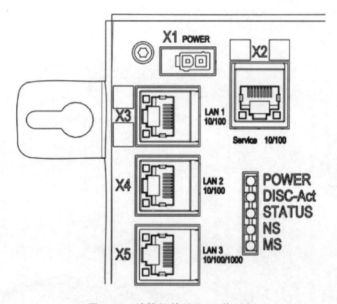

图 5-25　计算机单元 LED 指示灯

表 5-10　计算机单元 LED 指示灯意义

描述	含义
POWER(绿)	正常启动： • 关,在正常启动期间,此 LED 熄灭,直到计算机单元内的 COM 快速模块启动。 • 长亮,启动完成后 LED 长亮。 启动期间遇到故障(闪烁间隔熄灭),1 到 4 短闪,1s 熄灭。这将持续到电源关闭为止。 • 电源、FPGA 和/或 COM 快速模块。 • 更换计算机装置。 运行时电源故障(闪烁间隔快速闪烁),1 到 5 闪烁,20s 快速闪烁。这将持续到电源关闭为止。 • 暂时性电压降低,重启控制器电源。 • 检查计算机单元的电源电压。 • 更换计算机装置

描述	含义
DISC-Act(黄)	(磁盘活动)表示计算机正在写入 SD 卡
STATUS(红/绿)	启动过程： ①红灯长亮,正在加载 bootloader。 ②红灯闪烁,正在加载镜像。 ③绿灯闪烁,正在加载 RobotWare。 ④绿灯长亮,系统就绪。 故障表示： • 红灯始终长亮,检查 SD 卡。 • 红灯始终闪烁,检查 SD 卡。 • 绿灯始终闪烁,查看 FlexPendant 或 CONSOLE 的错误消息
NS(红/绿)	(网络状态)未使用
MS(红/绿)	(模块状态)未使用

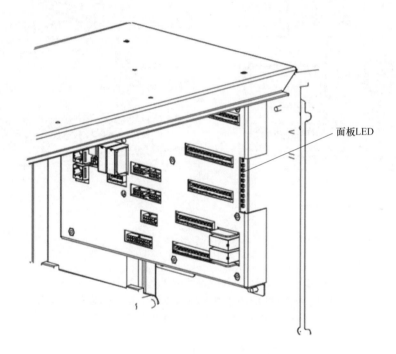

面板LED

图 5-26 标准控制柜面板 LED 指示灯

表 5-11 标准控制柜面板 LED 指示灯意义

描述	含义
状态 LED	闪烁绿灯:串行通信错误。 持续绿灯:找不到错误,且系统正在运行。 红灯闪烁:系统正在加电/自检模式中。 持续红灯:出现串行通信错误以外的错误
指示 LED,ES1	黄灯 在紧急停止(ES)链 1 关闭时亮起
指示 LED,ES2	黄灯 在紧急停止(ES)链 2 关闭时亮起
指示 LED,GS1	黄灯 在常规停止(GS)开关链 1 关闭时亮起

描述	含义
指示 LED,GS2	黄灯 在常规停止(GS)开关链 2 关闭时亮起
指示 LED,AS1	黄灯 在自动停止(AS)开关链 1 关闭时亮起
指示 LED,AS2	黄灯 在自动停止(AS)开关链 2 关闭时亮起
指示 LED,SS1	黄灯 在上级停止(SS)开关链 1 关闭时亮起
指示 LED,SS2	黄灯 在上级停止(SS)开关链 2 关闭时亮起
指示 LED,EN1	黄灯 在 ENABLE1=1 且 RS 通信正常时亮起

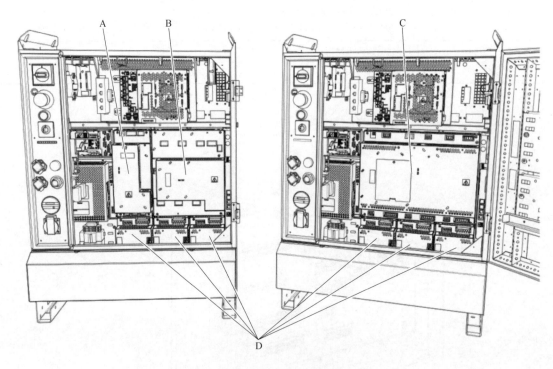

图 5-27　标准控制柜驱动模块位置

A—附加整流器单元（仅用于搭配小机器人的附加轴）；B—小机器人的主驱动单元；
C—大机器人的主驱动单元；D—附加驱动单元（用于附加轴）

2）驱动模块 LED 指示灯（图 5-28、表 5-12）

表 5-12　驱动模块 LED 指示灯意义

描述	含义
以太网 LED(B 和 D)	显示其他轴计算机(2、3 或 4)和以太网电路板之间的以太网通信状态。 • 绿灯熄灭:选择了 10Mbps 数据率。 • 绿灯亮起:选择了 100Mbps 数据率。 • 黄灯闪烁:两个单元正在以太网通道上通信。 • 黄灯持续:LAN 链路已建立。 • 黄灯熄灭:未建立 LAN 链接

（6）轴计算机模块故障诊断与处理

1）标准控制柜轴计算机模块位置（图 5-29）

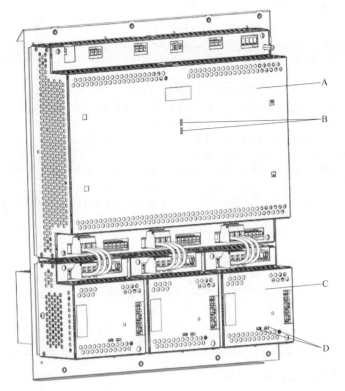

图 5-28　驱动模块 LED 指示灯

A—主驱动单元；B—主驱动单元以太网 LED；C—额外驱动单元；D—额外驱动单元以太网 LED

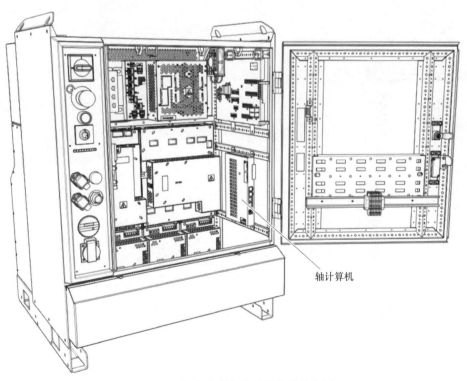

轴计算机

图 5-29　标准控制柜轴计算机模块位置

2）轴计算机 LED 指示灯（图 5-30、表 5-13）

表 5-13　轴计算机 LED 指示灯意义

描述	含义
状态 LED	启动期间的正常顺序： ①持续红灯：加电时默认。 ②闪烁红灯：建立与主计算机的连接并将程序加载到轴计算机。 ③闪烁绿灯：轴计算机程序启动并连接外围单元。 ④持续绿灯：启动序列持续，应用程序正在运行。 以下的情况指示错误： • 熄灭：轴计算机没有电或者内部错误（硬件/固件）。 • 持续红灯（永久）：轴计算机无法初始化基本的硬件。 • 闪烁红灯（永久）：与主计算机的连接丢失、主计算机启动问题或者 RobotWare 安装问题。 • 闪烁绿灯（永久）：与外围单元的连接丢失或者 RobotWare 启动问题
以太网 LED	显示其他轴计算机（2、3 或 4）和以太网电路板之间的以太网通信状态。 • 绿灯熄灭：选择了 10Mbps 数据率。 • 绿灯亮起：选择了 100Mbps 数据率。 • 黄灯闪烁：两个单元正在以太网通信上通信。 • 黄灯持续：LAN 链路已建立。 • 黄灯熄灭：未建立 LAN 链接

（7）接触器模块故障诊断与处理

1）接触器模块（图 5-31）

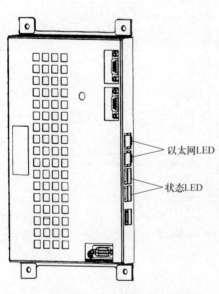

图 5-30　轴计算机 LED 指示灯

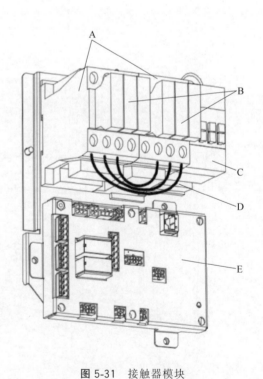

图 5-31　接触器模块

A，B—电机开机接触器；C—制动接触器；

D—跳线（3 个）；E—接触器接口电路板

2) 接触器模块 LED 指示灯（图 5-32、表 5-14）

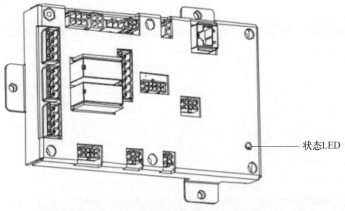

状态LED

图 5-32 接触器模块 LED 指示灯

表 5-14 接触器模块 LED 指示灯意义

描述	含义
状态 LED	闪烁绿灯：串行通信错误。 持续绿灯：找不到错误，且系统正在运行。 闪烁红灯：系统正在加电/自检模式中。 持续红灯：出现串行通信错误以外的错误

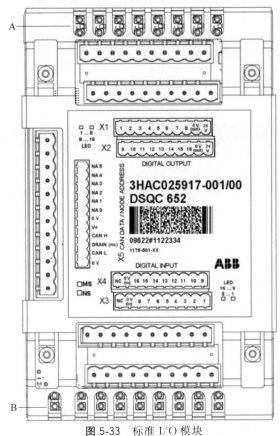

图 5-33 标准 I/O 模块

A—模块状态 LED 灯；B—网络状态 LED 灯

第 5 章 工业机器人故障的维修与调整

（8）标准 I/O 模块故障诊断与处理（图 5-33、表 5-15、表 5-16）

表 5-15　模块状态 LED 指示灯意义

LED 灯状态	描述	解决方法
熄灭	模块没有供电	检查供电
持续绿灯	模块正常工作	
闪烁绿灯	不完整或者不正确的组态，模块处于待机状态	检查系统参数 检查事件日志
闪烁红灯	可恢复的轻微错误	检查事件日志
持续红灯	不可恢复的错误	更换模块
红灯、绿灯闪烁	设备运行自检	如果闪烁时间较长，检查硬件

表 5-16　网络状态 LED 指示灯意义

LED 灯状态	描述	解决方法
熄灭	模块没有供电或不在线 模块尚未通过 Dup_MAC_ID 测试	检查模块状态 LED 灯 检查受影响模块的供电
持续绿灯	正常工作	检查网络中的其他节点是否正常运行 检查参数以查看模块是否具有正确的 ID
闪烁绿灯	设备在线，但在已建立的状态下没有连接	检查系统参数 检查事件日志
闪烁红灯	一个或多个连接超时	检查系统信息
持续红灯	通信设备失败。设备检测到错误，导致无法在网络上进行通信	检查系统信息和系统参数

5.2.3　按照事件日志信息进行故障诊断与处理

（1）IRC5 支持 3 种类型事件日志消息（表 5-17）

表 5-17　种类

类型	描述
Information	这些消息用于将信息记录到事件日志中，但是并不要求用户进行任何特别操作。信息类消息不会在控制器的显示设备上占据焦点
警告	这些消息用于提醒用户系统上发生了某些无需纠正的事件，操作会继续。这些消息会保存在事件日志中，但不会在显示设备上占据焦点
Error	这些消息表示系统出现了严重错误，操作已经停止。这些消息在需要用户立即采取行动时使用

（2）组成

如图 5-34 所示，事件日志组成如下。

编号：事件消息的编号。

符号：事件消息的类型。

名称：事件消息的名称。

说明：导致事件发生的动作。

结果：事件发生后机器人的状态。

可能性原因：有可能导致事件的原因。

动作：消除事件影响所需要做的步骤。

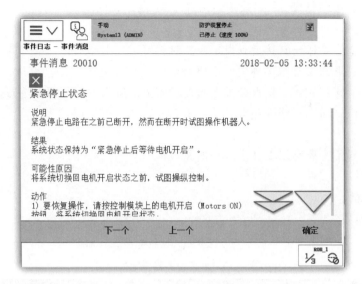

图 5-34 事件日志组成

（3）说明（表 5-18）

表 5-18 事件类型

编号序列	事件类型
1××××	操作事件：与系统处理有关的事件
2××××	系统事件：与系统功能、系统状态等有关的事件
3××××	硬件事件：与系统硬件、机械臂以及控制器硬件有关的事件
4××××	程序事件：与 RAPID 指令、数据等有关的事件
5××××	动作事件：与控制机械臂的移动和定位有关的事件
7××××	I/O 事件：与输入和输出、数据总线等有关的事件
8××××	用户事件：用户定义的事件
9××××	功能安全事件：与功能安全相关的事件
11××××	工艺事件：特定应用事件，包括弧焊、点焊等
12××××	配置事件：与系统配置有关的事件
15××××	RAPID
17××××	Connected Service Embedded(嵌入式连接服务)事件日志在启动、注册、取消注册、失去连接等事件中生成

5.2.4　位置传感器故障诊断

（1）种类

位置传感器可用来检测位置，反映某种状态的开关，和位移传感器不同，位置传感器有接触式和接近式两种。

1）接触式传感器

接触式传感器的触头由两个物体接触挤压而动作，常见的有行程开关、二维矩阵式位置传感器等。行程开关结构简单、动作可靠、价格低廉。当某个物体在运动过程中，碰到行程开关时，其内部触头会动作，从而完成控制，如在加工中心的 X、Y、Z 轴方向两端分别装有行程开关，则可以控制移动范围。二维矩阵式位置传感器安装于机械手掌内侧，用于检测自身与某个物体的接触位置。

2）接近开关

接近开关是指当物体与其接近到设定距离时就可以发出"动作"信号的开关，它无需和物体直接接触。接近开关有很多种类，主要有电磁式、光电式、差动变压器式、电涡流式、电容式、干簧管、霍尔式等。接近开关在数控机床上的应用主要是刀架选刀控制、工作台行程控制、油缸及汽缸活塞行程控制等。

（2）原因

位置传感器异常主要有以下几个方面的原因。

① 接线错误。

② 距离太远。

③ 传感器损坏。

（3）处理（表5-19）

表5-19　位置传感器异常处理

序号	处理措施	参考信息
1	接近开关分为两线制和三线制两种，两线制接近开关直接与负载串联后接通到电源上，但是其中三线制接近开关又有两种不同的接线方法，即 NPN 型和 PNP 型	
2	调整传感器的位置，直到检测到感应信号为止	
3	更换位置传感器	见操作手册

（4）安全注意事项

所有正常的检修、安装、维护和维修工作通常在关闭全部电气、气压和液压动力的情况下执行。通常使用机械挡块等防止所有操纵器运动。在故障排除时，通过在本地运行的工业机器人程序或者通过与系统连接的 PLC，从 FlexPendant 手动控制操纵器运动。

故障排除期间存在危险，在故障排除期间必须无条件地考虑这些注意事项：

① 所有电气部件必须视为带电的。

② 操纵器必须能够随时进行任何运动。

③ 由于安全电路可能已经断开或已绑住以启用正常禁止的功能，因此系统必须能够执行相应操作。

5.3 | 工业机器人的校准

5.3.1　工业机器人本体的校准

工业机器人的机械原点如图 5-35 所示，用久了可能会变动，应实时进行校准，否则就会出现误差。

（1）校准范围/标记

图 5-36 显示了机器人 IRB 460 上校准范围和标记的位置。

（2）校准运动方向

图 5-37 显示 IRB 260。对所有 6 轴机器人而言，正方向都相同。

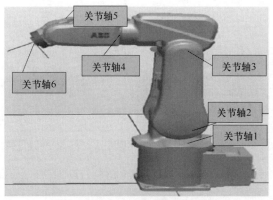

图 5-35　工业机器人的机械原点

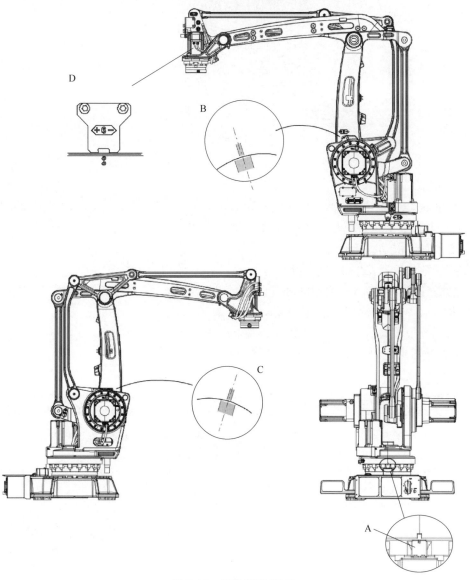

图 5-36　校准范围/标记

A—校准盘，轴 1；B—校准标记，轴 2；C—校准标记，轴 3；D—校准盘和标记，轴 6

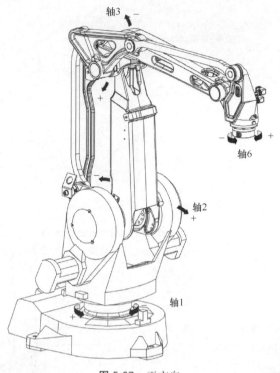

图 5-37　正方向

（3）校准

ABB 机器人六个关节轴都有一个机械原点的位置。在以下情况下，需要对机械原点的位置进行转数计数器进行更新：

① 更换伺服电动机转数计数器电池后；

② 当转数计数器发生故障修复后；

③ 转数计数器与测量板之间断开过以后；

④ 断电后，机器人关节轴发生了移动；

⑤ 当系统报警提示"10036 转数计数器未更新"时。

转数计数器更新的具体操作步骤如表 5-20 所示。

表 5-20　更新转数计数器的操作步骤

操作说明	操作界面
1. 机器人六个关节轴的机械原点刻度示意图。注意,使用手动操纵让机器人各关节轴运动到机械原点刻度位置的顺序是:4—5—6—1—2—3。另外,不同型号机器人的机械原点刻度位置会有所不同,请参考 ABB 随机光盘说明书	

操作说明	操作界面
2. 在手动操纵菜单中,选择"轴 4-6"运动模式,将关节轴 4 运动到机械原点刻度位置	
3. 同理将关节轴 5 和关节轴 6 运动到机械原点刻度位置	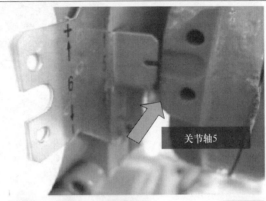 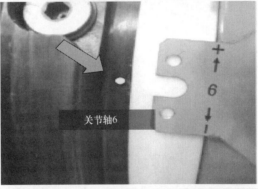
4. 在手动操纵菜单中,选择"轴 1-3"运动模式,分别将关节轴 1、2、3 运动到机械原点刻度位置	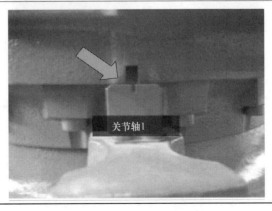

第 5 章 工业机器人故障的维修与调整

操作说明	操作界面
5. 在手动操纵菜单中,选择"轴 1-3"运动模式,分别将关节轴 1、2、3 运动到机械原点刻度位置	
6. 在 ABB 主菜单中选择"校准"	
7. 单击"ROB_1"	

工业机器人操作与运维自学·考证·上岗一本通(中级)

操作说明	操作界面
8. 选择"校准参数" 选择"编辑电机校准偏移..."	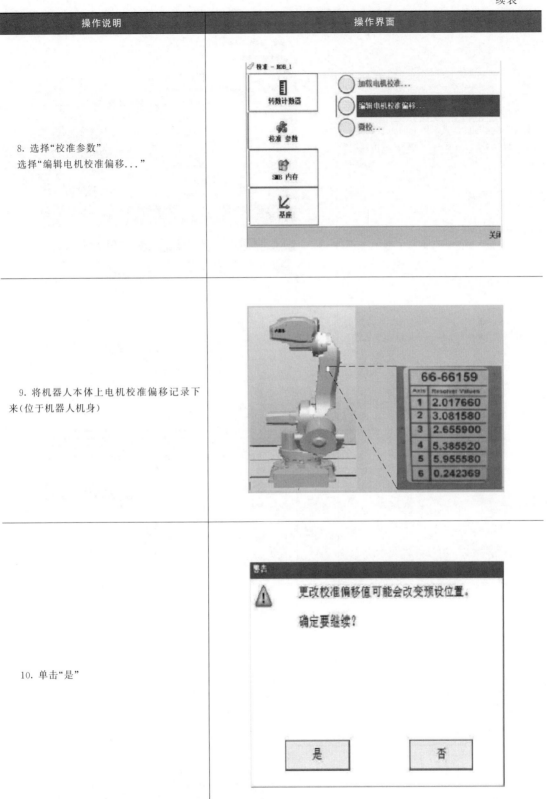
9. 将机器人本体上电机校准偏移记录下来(位于机器人机身)	
10. 单击"是"	

操作说明	操作界面
11. 输入从机器人本体记录的电机校准偏移数据,然后单击"确定"。如果示教器中显示的数据与机器人本体上的标签数据一致,则无需修改,直接单击"取消"退出,跳到第 14 步	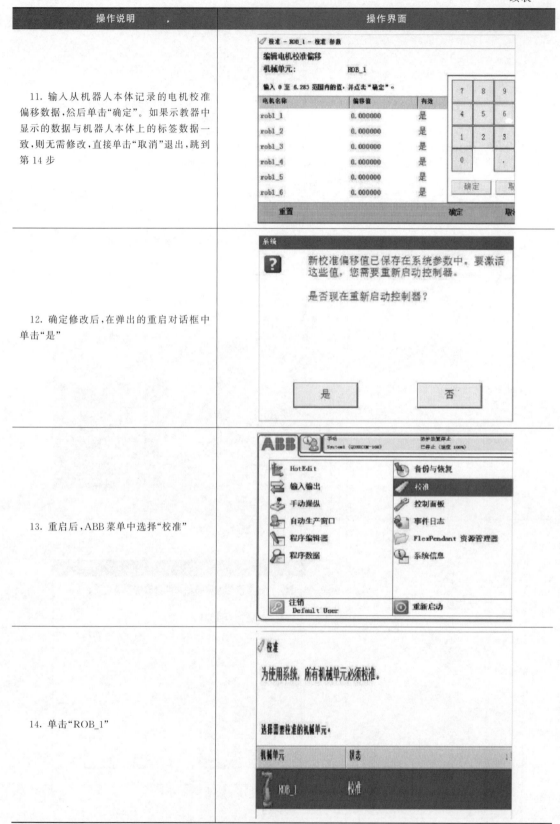
12. 确定修改后,在弹出的重启对话框中单击"是"	
13. 重启后,ABB 菜单中选择"校准"	
14. 单击"ROB_1"	

操作说明	操作界面
15. 选择"更新转数计数器…"	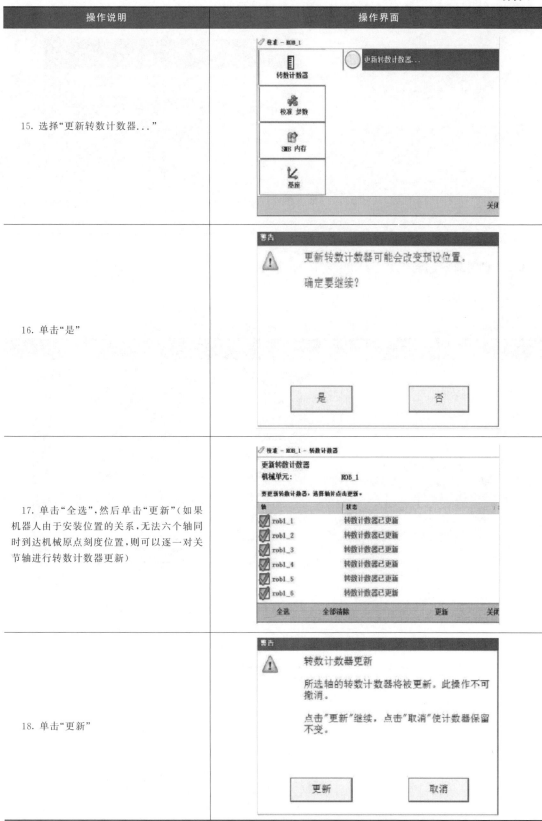
16. 单击"是"	
17. 单击"全选",然后单击"更新"(如果机器人由于安装位置的关系,无法六个轴同时到达机械原点刻度位置,则可以逐一对关节轴进行转数计数器更新)	
18. 单击"更新"	

操作说明	操作界面
19. 操作完成后,转数计数器更新完成	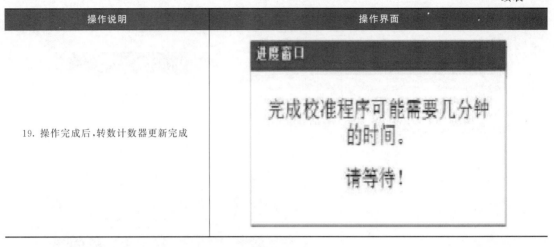

5.3.2　外部轴校准

外部轴校准的具体操作步骤如表 5-21 所示。

表 5-21　外部轴校准的操作步骤

操作步骤及说明	操作界面
1. 外部轴校准,即外部轴零点的设定。首先在 ABB 主菜单中点击"控制面板"	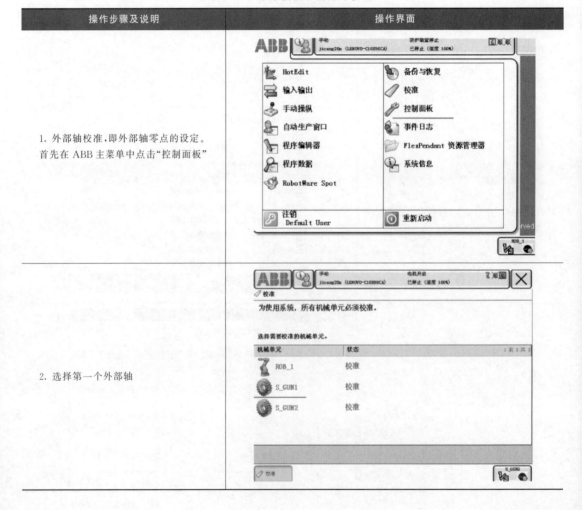
2. 选择第一个外部轴	

操作步骤及说明	操作界面
3. 点击"微校…"	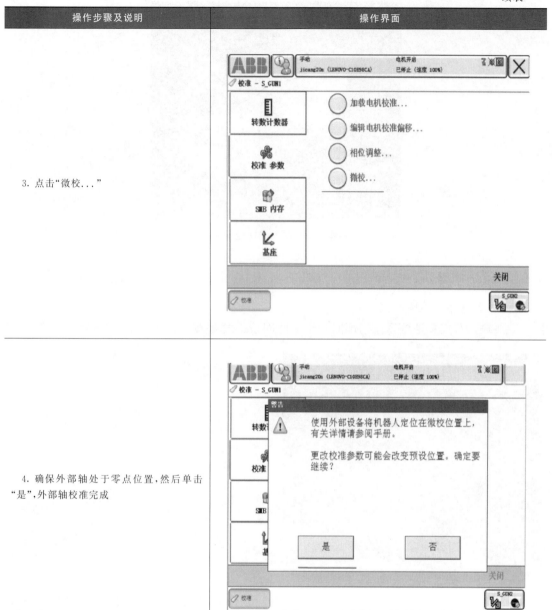
4. 确保外部轴处于零点位置，然后单击"是"，外部轴校准完成	

5.4 功能检测

5.4.1 示教器功能检测

如图 5-38 所示，每天在开始操作之前，一定要先确认示教器的所有功能正常，触摸对象无漂移，否则的话可能会因为误操作而造成人身的安全事故。

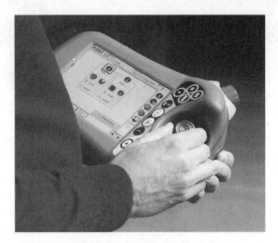

图 5-38　示教器功能检测

5.4.2　控制柜的功能测试

（1）紧急停止功能测试

一般地，我们在遇到紧急情况时，第一时间按下急停按钮。如图 5-39 所示，ABB 工业

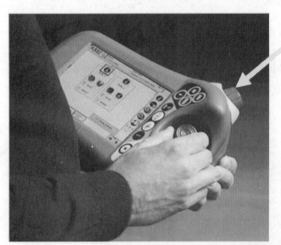

示教器上的
急停按钮

控制柜上的
急停按钮

图 5-39　紧急停止功能测试

1.在手动状态下，按下使能器到中间位置，使机器人进入"电机上电"状态。

(a) 步骤一

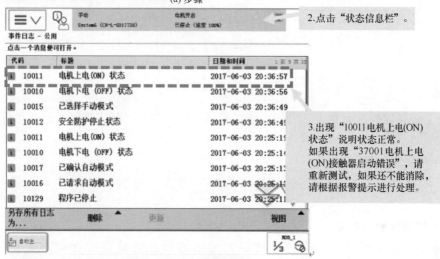

2.点击"状态信息栏"。

3.出现"10011电机上电(ON)状态"说明状态正常。
如果出现"37001电机上电(ON)接触器启动错误"，请重新测试，如果还不能消除，请根据报警提示进行处理。

(b) 步骤二、三

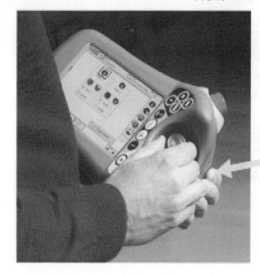

4.在手动状态下，松开使用器。

(c) 步骤四

图 5-40

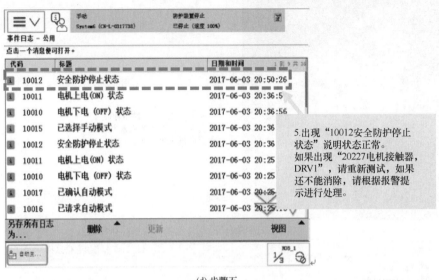

代码	标题	日期和时间	1至9共3
10012	安全防护停止状态	2017-06-03 20:50:26	
10011	电机上电(ON)状态	2017-06-03 20:36:5	
10010	电机下电(OFF)状态	2017-06-03 20:36:56	
10015	已选择手动模式	2017-06-03 20:38	
10012	安全防护停止状态	2017-06-03 20:2	
10011	电机上电(ON)状态	2017-06-03 20:25	
10010	电机下电(OFF)状态	2017-06-03 20:25	
10017	已确认自动模式	2017-06-03 20:2	
10016	已请求自动模式	2017-06-03 20:2	

5.出现"10012安全防护停止状态"说明状态正常。
如果出现"20227电机接触器，DRV1"，请重新测试，如果还不能消除，请根据报警提示进行处理。

(d) 步骤五

图 5-40　电机接触器检查

机器人的急停按钮标配有两个，分别位于控制柜及示教器上。我们可以在手动与自动状态下对急停按钮进行测试并复位，确认功能正常。

（2）电机接触器检查

在开始检查作业之前，先打开机器人的主电源。电机接触器检查步骤如图 5-40 所示。

（3）制动接触器检查

在开始检查作业之前，先打开机器人的主电源。制动接触器检查步骤如图 5-41 所示。

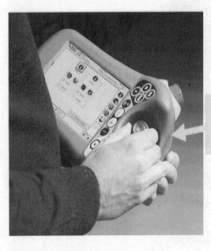

1.在手动状态下，按下使能器到中间位置，使机器人进入"电机上电"状态。
（单轴运动慢速小范围运动机器人）

(a) 步骤一

图 5-41

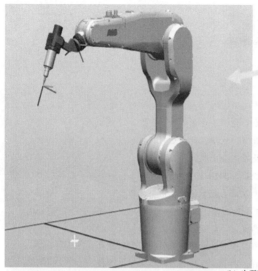

2.细心观察机器人的运动是否流畅和是否有异响。轴1~6分别单独运动进行观察。

在测试过程中，如果出现"50056关节碰撞"，应重新测试，如果还不能消除，应根据报警提示进行处理。

(b) 步骤二

3.在手动状态下，松开使能器。

(c) 步骤三

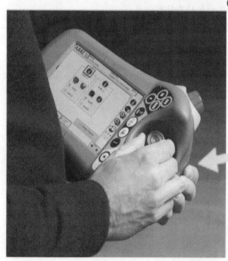

代码	标题	日期和时间	1 到 9 共 38
10012	安全防护停止状态	2017-06-03 20:50:26	
10011	电机上电(ON)状态	2017-06-03 20:36:57	
10010	电机下电(OFF)状态	2017-06-03 20:36:56	
10015	已选择手动模式	2017-06-03 20:36:	
10012	安全防护停止状态	2017-06-03 20:36:	
10011	电机上电(ON)状态	2017-06-03 20:25:	
10010	电机下电(OFF)状态	2017-06-03 20:25:	
10017	已确认自动模式	2017-06-03 20:25:	
10016	已请求自动模式	2017-06-03 20:25:	

4.出现"10012安全防护停止状态"说明状态正常。
如果出现"37101制动器故障"应重新测试，如果还不能消除，应根据报警提示进行处理。

(d) 步骤四

图 5-41　制动接触器检查步骤

参考文献

[1]　韩鸿鸾. 工业机器人系统安装调试与维护. 北京：化学工业出版社，2017.

[2]　韩鸿鸾. 工业机器人工作站系统集成与应用. 北京：化学工业出版社，2017.

[3]　韩鸿鸾. 工业机器人现场编程与调试. 北京：化学工业出版社，2017.

[4]　韩鸿鸾. 工业机器人操作. 北京：机械工业出版社，2018.

[5]　韩鸿鸾，张云强. 工业机器人离线编程与仿真. 北京：化学工业出版社，2018.

[6]　韩鸿鸾. 工业机器人装调与维修. 北京：化学工业出版社，2018.

[7]　韩鸿鸾. 工业机器人操作与应用一体化教程. 西安：西安电子科技大学出版社，2020.

[8]　韩鸿鸾. 工业机器人离线编程与仿真一体化教程. 西安：西安电子科技大学出版社，2020.

[9]　韩鸿鸾. 工业机器人机电装调与维修一体化教程. 西安：西安电子科技大学出版社，2020.

[10]　韩鸿鸾. 工业机器人的组成一体化教程. 西安：西安电子科技大学出版社，2020.

[11]　韩鸿鸾. KUKA（库卡）工业机器人装调与维修. 北京：化学工业出版社，2020.

[12]　韩鸿鸾. KUKA（库卡）工业机器人编程与操作. 北京：化学工业出版社，2020.

附录

附录一 "1+X"工业机器人操作与运维职业技能等级证书理论试题及答案

一、单项选择题

1. 工业机器人的坐标系包括基坐标系、工具坐标系、用户坐标系等，对于图示 ABB 工业机器人，这些坐标系一般属于下列哪种类型的坐标系（　　）。

A. 空间直角坐标系（笛卡儿坐标系）　　B. 柱面坐标系

C. 球面坐标系　　D. 极坐标系

2. 以下哪种行为不会造成人身伤害或设备损害（　　）。

A. 强制扳动工业机器人　　B. 随意按动开关

C. 触摸示教器　　D. 骑坐在工业机器人上

3. （　　）是指能够形成圆柱坐标系的机器人，其结构由一个旋转基座形成的转动关节和垂直、水平移动的两个移动关节构成。

    A. 直角坐标型机器人   B. 球面坐标机器人

    C. 多关节机器人   D. 柱面坐标机器人

4. 即使工业机器人只有一个报警信号，其背后可能有众多的故障原因，下列方法中使用不当的是（   ）。

    A. 可以依靠人的感觉器官来寻找故障点，如元器件是否短路、过压。

    B. 根据自身经验，判断最有可能发生故障的部位，然后进行故障检查，进而排除故障。

    C. 检查并恢复工业机器人的各种运行参数。

    D. 利用部件替换来快速找到故障点，若故障消失或转移，则说明怀疑目标正是故障点。

5. 关于下图安全标识的含义，解释正确的是（   ）。

ROTATING SHAFT
HAZARD
警告：旋转轴危险
保持远离，禁止触摸

    A. 旋转轴危险，保持远离，禁止触摸。   B. 可能造成人员挤压伤害风险。

    C. 卷入危险，保持双手远离。   D. 以上都不正确。

6. 示教器使用完毕后，务必（   ）。

    A. 放回工业机器人上   B. 放回示教器支架上

    C. 放在系统夹具上   D. 放在地面上

7. 自由度通常作为工业机器人的技术指标，反映工业机器人动作的灵活性，可用轴的直线移动、摆动或旋转动作的（   ）来表示。

    A. 速度   B. 幅度   C. 数目   D. 摆动弧度

8. （   ）编程语言是最低级的工业机器人语言。它以工业机器人的运动描述为主，通常一条指令对应工业机器人的一个动作，表示工业机器人从一个位姿运动到另一个位姿。

    A. 动作级   B. 任务级   C. 对象级   D. 离线

9. （   ）是工业机器人其他坐标系的参照基础，是工业机器人示教与编程时经常使用的坐标系之一，它的位置没有硬性的规定，一般定义在工业机器人安装面与第一转动轴的交点处。

    A. 基坐标系   B. 关节坐标系   C. 工件坐标系   D. 工具坐标系

10. 基于视觉反馈的自主编程是实现机器人路径自主规划的关键技术，其主要原理：在一定条件下，由主控计算机通过（   ）识别工件图像，从而得出工件的三维尺寸数据，计算出空间轨迹和方位（即位姿），并引导机器人按优化拣选要求自动生成机器人末端执行器的位姿参数。

    A. 位置传感器   B. 力传感器   C. 双目视觉传感器   D. 光电编码器

11. 声波式数字显示张力计通过（   ）处理，测出不同条件下的振动波形，并可读出波形的周期，通过周期波数频率的处理，换算出张力值。

    A. 模拟信号   B. 数字信号   C. 不连续信号   D. 上升沿信号

12. （   ）是指通过机器视觉产品（图像采集装置）获取图像，然后将获得的图像传送至处理单元，通过数字化图像处理进行目标尺寸、形状、颜色等的判别，进而根据判别的结果控制现场设备的系统。

A. 力觉系统　　　　　B. 摄像系统　　　　C. 机器视觉系统　　　D. 图像测量系统

13. 机器人语言的一个最基本的功能就是（　　），通过使用机器人语言中的对应语句，操作者可以建立轨迹规划程序和轨迹生成程序之间的联系。

　　A. 决策功能　　　　　B. 通信功能　　　　C. 工具指令功能　　　D. 运动功能

14. （　　）是用于测量设备移动状态参数的功能元件。

　　A. 多维力传感器　　　B. 位置传感器　　　C. 微处理器　　　　　D. 智能传感器

15. 下列选项中，对下图所示 PLC 程序段解释正确的是（　　）。

　　A. 当"选择工位"触点闭合，则"确认选择"输出线圈失电，输出值为 0

　　B. 当"选择工位"触点闭合，则"确认选择"输出线圈得电，输出值为 1

　　C. 当"选择工位"触点断开，则"确认选择"输出线圈得电，输出值为 1

　　D. 以上都不正确。

16. 一个好的编程环境有助于提高工业机器人编程者的编程效率，下列哪一项功能是目前工业机器人编程系统中还不具备的（　　）。

　　A. 在线修改和重启功能　　　　　　　B. 传感器输出和程序追踪功能

　　C. 仿真功能　　　　　　　　　　　　D. 自动纠错功能

17. 工业机器人系统故障发生的原因一般都比较复杂，按发生故障的部件不同，工业机器人系统故障可分为（　　）和电气故障。

　　A. 机械故障　　　　　B. 软件故障　　　　C. 弱电故障　　　　　D. 自身故障

18. 目前国际上各种标准机构和各大企业都提出了自己的工业以太网协议，其主要有三种实现方式，即（　　）方式、以太网方式、修改以太网方式。

　　A. EtherCAT　　　　　B. EtherNet　　　　C. Profinet　　　　　D. TCP/IP

19. （　　）主要指主控制器、伺服单元、安全单元、输入/输出装置等电子电路发生的故障。

　　A. 机械故障　　　　　B. 弱电故障　　　　C. 强电故障　　　　　D. 自身故障

20. 一个基本的触摸屏是由触摸传感器、控制器和（　　）作为三个主要组件。在与 PLC 等终端连接后，可组成一个完整的监控系统。

　　A. 执行器　　　　　　B. I/O 设备　　　　C. 软件驱动器　　　　D. 编程界面

21. （　　）通常是由操作人员通过示教器控制工业机器人工具末端达到指定姿态，记录工业机器人位姿数据并编写工业机器人运动指令，完成工业机器人正常加工轨迹规划、位姿等关节数据信息的采集和记录。

　　A. 自主编程　　　　　B. 在线示教编程　　C. 离线编程　　　　　D. 动作级编程

22. 工业机器人关节的位置控制是工业机器人最基本的控制要求，而对位置和（　　）的检测也是工业机器人最基本的感觉要求。

　　A. 位移　　　　　　　B. 温度　　　　　　C. 湿度　　　　　　　D. 油量

23. 按发生故障的性质不同，工业机器人故障可分为系统性故障和（　　）故障。

　　A. 系统外　　　　　　B. 机械　　　　　　C. 电气　　　　　　　D. 随机性

24. 通常情况下，ABB 工业机器人的六个关节轴进行回机械零点操作时，各关节轴的调整顺序依次为（　　）。

A. 轴 6—1—3—4—5—6　　　　　　B. 轴 3—2—1—4—5—6

C. 轴 1—2—3—4—5—6　　　　　　D. 轴 4—5—6—3—2—1

25. 进行工业机器人系统故障检修时，根据预测的故障原因和预先确定的排除方案，用试验的方法进行验证，逐级来定位故障部位，最终找出发生故障的真正部位。为了准确、快速地定位故障，应遵循（　　）的原则。

A. 先操作后方案　　　　　　　　　B. 先方案后操作

C. 先检测后排除　　　　　　　　　D. 先定位后检测

26. 在工业生产过程当中，有许多连续变化的量，如温度、压力、流量、液位和速度等都是模拟量。可编程控制器处理模拟量，必须实现模拟量和（　　）之间转换，即 A/D 转换及 D/A 转换。

A. 物理量　　　　　B. 信息量　　　　　C. 数据量　　　　　D. 数字量

27. 下列选项中，哪项不属于使用观察检查法进行故障的排除（　　）。

A. 直观检查　　　　　B. 预检查　　　　　C. 部件替换　　　　　D. 电源连接检查

28. 下列关于工业机器人的安装环境要求，描述错误的是（　　）。

A. 工业机器人属于电气设备，对环境湿度有一定要求，一般需要保持在 20%～80%RH。

B. 尽管工业机器人的工作区域有限，依然需要安装防护装置（如安全围栏）。

C. 安装环境必须没有易燃、易腐蚀液体和气体。

D. 由于工业机器人内部有润滑油等物，所以其工作温度和存储温度需要保持在 -10～60℃。

29. 下列工业机器人的检查项目中，哪些属于日常检查及维护（　　）？

A. 补充减速器的润滑脂　　　　　　B. 控制装置电池的检修及更换

C. 机械制动器的检查　　　　　　　D. 示教器警告确认

30. PLC 与 PC 使用以太网连接，要成功将 PC 上的 PLC 程序下载到 PLC 设备，那么需修改（　　）地址。

A. PLC 的变量　　　B. PC 的变量　　　C. PC 的 IP　　　D. 以上都可以

31. 用肉眼观察有无保险丝烧断、元器件烧焦或开裂等现象，有无断路现象，以此判断控制板内有无过流、过压、短路问题。上述方法使用的是常规检查中的（　　）。

A. 问　　　　　B. 看　　　　　C. 触　　　　　D. 嗅

32. 下列符号中，表示按钮开关的是（　　）。

A.　　　　　B.　　　　　C.　　　　　D.

33. 查看工业机器人工作站图纸中的（　　），可以了解设备的名称、规格、材料、重量、绘图比例、图纸张数等内容。

A. 明细栏　　　B. 审核栏　　　C. 配置表　　　D. 标题栏

34. 在工业机器人语言操作系统的监控状态下，操作者可以用（　　）定义工业机器人在空间的位置，设置工业机器人的运动速度、存储或调出程序等。

A. 控制柜　　　　B. 控制器　　　　C. 示教器（示教盒）D. 计算器

35. 卡尺一般用于厚度及深度的测量，精度可到（　　　）mm。

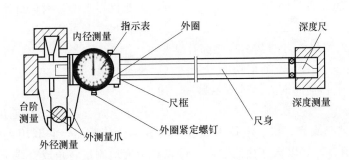

A. 0.01　　　　　B. 0.1　　　　　C. 0.001　　　　　D. 0.0001

36. 工业机器人编程语言中，（　　　）指令通常是由闭合某个开关或继电器而触发的，而开关和继电器又可能把电源接通或断开，直接控制工具运动，或送出一个小功率信号给电子控制器，让后者去控制工具。

A. 运算　　　　　B. 运动　　　　　C. 工具控制　　　　D. 通信

37. 多维力传感器能同时检测三维空间的三个（　　　）信息，通过它的控制系统不但能检测和控制机器人手抓取物体的握力，而且还可以检测物体的重量，以及在抓取操作过程中是否有滑动、振动等。

A. 质量　　　　　B. 速度　　　　　C. 力/力矩　　　　D. 位移

38. 在工业机器人日常维护中，需要在开机之后确认与上次运行的位置是否发生偏移，即确认定位精度。如果出现偏差，下列哪项措施对于解决该问题没有帮助（　　　）？

A. 确认工业机器人基座是否有松动。

B. 微调工业机器人外围设备的位置，使工业机器人 TCP 正好能够到达相对正确的位置。

C. 重新进行零点标定。

D. 确认工业机器人没有超载，且未发生碰撞。

39. 螺栓松动时，需使用（　　　）涂抹在螺栓表面并以适当的力矩切实拧紧。

A. 固体胶　　　　B. 双面胶　　　　C. 透明胶带　　　　D. 防松胶

40. 操作人员对所使用的设备，通过岗位练兵和学习技术，做到"四懂、三会"，三会分别为：会使用、会维护保养和（　　　）。

A. 会设计　　　　B. 会排除故障　　　　C. 会制图　　　　D. 会编写检修卡片

二、多项选择题

1. 工业机器人不得在以下列出的哪些情况下使用（　　　）？

A. 燃烧的环境　　　　　　　　　B. 有爆炸可能的环境

C. 无线电干扰的环境　　　　　　D. 干燥的环境

2. 谐波减速器是利用行星齿轮传动原理发展起来的减速器，是依靠柔性零件产生弹性机械波来传递动力和运动的一种行星齿轮传动。由固定的（　　　）、（　　　）和使柔轮发生径向变形的（　　　）三个基本构件组成。

A. 行星齿轮　　　　B. 内齿刚轮　　　　C. 柔轮　　　　　D. 波发生器

3. ABB IRB 120 工业机器人系统中，（　　　）指令可以用来等待一个数字量输入信号。

A. WaitDO   B. WaitDI   C. WaitUntil   D. WaitTime

4. 安装工业机器人基座与台架时，下列哪些要素需要着重考虑（ ）？

A. 地基或基座是否稳固   B. 工业机器人的最大运行速度

C. 工业机器人型号   D. 螺栓尺寸与紧固力矩

5. 工业机器人编程语言的基本功能都有哪些（ ）？

A. 运动功能   B. 通信功能   C. 决策功能   D. "翻译"转化功能

6. PLC 的一个扫描周期必经过下列哪三个阶段（ ）？

A. 结果写入   B. 输入采样   C. 程序执行   D. 输出刷新

7. 光电编码器是集光、机、电技术于一体的数字化传感器，它利用光电转换原理将旋转信息转换为电信息，并以数字代码输出，可以高精度地测量转角或直线位移。光电编码器分为（ ）和（ ）两种类型。

A. 绝对式   B. 直流式   C. 增量式   D. 交流式

8. 以下选项中哪些是在检测、排除工业机器人系统故障时，应掌握的基本原则（ ）。

A. 先内部后外部   B. 先软件后硬件   C. 先静后动   D. 先机械后电气

9. 工业机器人的控制系统主要由（ ）、（ ）、（ ）及数据采集点组成，其体系结构一般可以简化为下图所示。

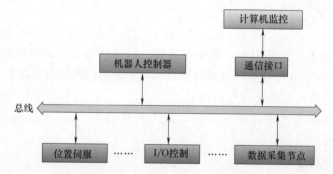

A. 通信接口   B. 位置伺服   C. I/O 控制器   D. 计算机监控

10. 梯形图的设计应注意以下哪些事项（ ）？

A. 梯形图按从左到右、自上而下的顺序排列。

B. 梯形图按从右到左、自上而下的顺序排列。

C. 梯形图中每个梯级流过的不是物理电流，而是"概念电流"，从左流向右，其两端没有电源。

D. 输入寄存器用于接收外部输入信号，而不能由 PLC 内部其他继电器的触点来驱动。

三、判断题

1. 当向工业机器人末端快换装置上安装快换工具（如夹爪工具）时，务必先切断控制柜及所装工具上的电源并锁住其电源开关，同时要挂一个警示牌。   （ ）

2. EtherCAT 是德国倍福自动化公司提出的实时工业以太网技术，只支持线性拓扑结构。   （ ）

3. 工业机器人关节的种类决定了其运动自由度，移动关节、转动关节、球面关节和虎克铰关节是机器人机构中经常使用的关节类型。   （ ）

4. 在 ABB 工业机器人示教器的控制面板中设置好 I/O 信号之后，需重启控制器才能使设定生效。（　　）

5. 出现故障的轴承，通常会发出短暂的摩擦声或者"嘀嗒"声及振动。轴承故障会造成路径精确度不一致，严重可导致接头抱死。（　　）

参考答案

一、单项选择题

1～5. ACDAA	6～10. BCAAC	11～15. ACDBB
16～20. DADBC	21～25. BADDB	26～30. DCDDC
31～35. BADCB	36～40. CCBDB	

二、多项选择题

1. ABC	2. BCD	3. BC
4. ACD	5. ABC	6. BCD
7. AC	8. BCD	9. ABC
10. ACD		

三、判断题

1～5. ××√√√

附录二 "1+X"工业机器人操作与运维职业技能等级证书实操考试试卷、答案及评分要求（中级）

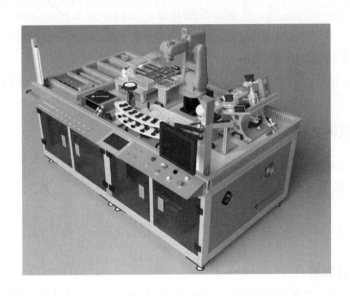

工业机器人操作规范（10分）

在考试过程中，从设备操作的规范性、考场纪律和专用工具操作及安全生产的认识程度等方面对考生进行综合评价。

题目一：工业机器人系统安装（20分）

① 根据图 1-1 完成工具快换装置的气路连接，从而实现调节对应气路电磁阀上的手动调试按钮时，工具快换装置法兰端与工具端可以正常锁定和释放。完成气路的连接后，将气路压力调整到 0.4MPa 到 0.6MPa，打开过滤器末端开关，测试气路连接的正确性。

② 根据图 1-1 完成工业机器人端夹爪工具的气路连接，实现夹爪工具可以正常地张开和夹紧。

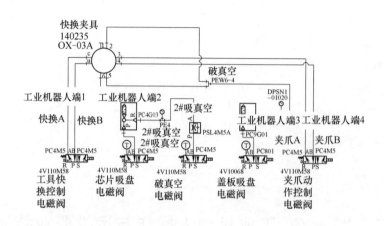

图 1-1　工具快换装置法兰端气路图

③ 完成工具快换装置的气路连接后，绑扎气管并对气路合理布置，要求第一根绑扎带与接头处距离为（60±5）mm，其余两个绑扎带之间的距离不超过（50±5）mm，绑扎带需进行适当切割，不能留余太长，留余长度必须小于 1mm。要求气路捆扎美观安全，不影响工业机器人正常动作，且不会与周边设备发生刮擦勾连。

④ 通过控制对应气路的电磁阀，手动将涂胶笔工具正确安装到工业机器人快换装置法兰端。

题目二：工业机器人校对与调试（20分）

1. 对齐同步标记

① 切换工业机器人模式至手动模式挡，将示教器中工业机器人操纵杆的速率调节为 30%。

② 手动操纵工业机器人进行单轴运动，使工业机器人 6 个关节轴依次运动回机械原点，对齐同步标记。

2. 更新转数计数器

① 将工业机器人本体基座标签上的电机校准偏移数值记录在考卷上，并将示教器"编辑电机校准偏移"界面中的六个关节轴的偏移参数修改为与标签上电机校准偏移数值相同。

② 完成工业机器人 6 个关节轴转数计数器更新的操作，并向考评人员展示示教器中"转数计数器更新已成功完成"的界面，如图 2-1 所示。

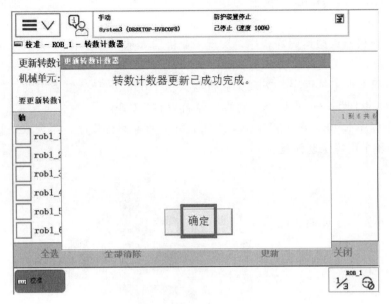

图 2-1 转数计数器更新已成功完成界面示意图

题目三：工业机器人码垛程序示教编程（30分）

① 在示教器中配置工业机器人 DSQC652 板卡地址，将地址设置为 10。

② 根据工作站电气原理图，在示教器中配置控制工具快换装置动作的信号 doQuick-Change 和夹爪工具动作信号 doGrip；并在示教器上配置可编程按键，按键 1 控制工具快换装置动作，按键 2 控制夹爪工具动作。

③ 通过控制示教器上的按键 1，拆下夹爪工具，更换上涂胶笔工具（涂胶笔工具的工具坐标系在系统中已经建立）；利用涂胶笔工具，采用用户三点法完成对码垛平台 A 处工件坐标系的建立。要求：工件坐标系命名为 wobjA1，wobjA1 的方向如图 3-1 所示。

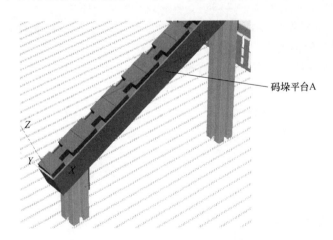

图 3-1 建立码垛平台 A 工件坐标系示意图

④ 在示教器中编写工业机器人码垛程序，程序要求如下：

a. 编写取夹爪工具程序，实现工业机器人从 Home 点安全位姿出发拾取工具，将程序命名为 rGetGrip，其中 Home 点姿态为本体的 1 轴、2 轴、3 轴、4 轴、6 轴的关节转角为 0°，5 轴转角为 90°。

b. 编写工业机器人搬运码垛程序，实现工业机器人从码垛平台 A 夹取 3 块码垛块放置到码垛平台 B 上，码垛块的放置位置及顺序要求如图 3-2 所示，并将程序命名为 rPalletize。

c. 编写放回夹爪工具程序，实现工业机器人从 Home 点安全位姿出发，将夹爪工具放回工具架上，并返回 Home 点姿态，将程序命名为 rPutGrip。

d. 编写主程序 Main，在主程序中调用完成编写的各例行程序，实现取工具—搬运码垛—放回工具的整个码垛工艺流程。

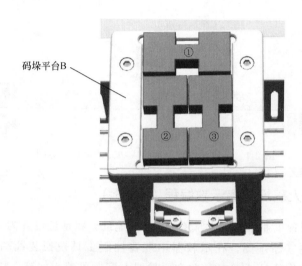

图 3-2　码垛物料块放置位置示意图

题目四：工业机器人周边设备编程（20 分）

工作站中触摸屏与 PLC 已经完成通信硬件接线。

请完成以下操作：

① 编写工作站的触摸屏程序，添加"启动"和"停止"按钮元件，设置触摸屏背景，要求触摸屏界面设计简洁美观。

② 在 PLC 编程软件中，完成工作站触摸屏与 PLC 的通信设置。

工业机器人操作与运维职业技能等级证书实操考核评分表（中级）

姓名：

级别：

序号	评分内容	分值	得分
工业机器人操作规范		10	
1	选手整场考核中，正确穿工作服、佩戴安全帽	3	
2	遵守考核规定，提前进行考核操作或考核终止后仍继续操作扣 4 分	4	
3	考核结束后，工具需有序摆放	3	
题目一：工业机器人系统安装		20	
1	完成工业机器人工具快换装置动作的气路连接	2	
2	确保调压过滤器旁边的手滑阀处于打开状态	1	
3	通过调压过滤器将气路压力调整到 0.4MPa 到 0.6MPa	1	
4	通过按压对应气路电磁阀上的手动调试按钮（1 分），实现工业机器人快换装置主端口锁紧钢珠的弹出和缩回（2 分）	3	
5	根据工作站气路接线图完成工业机器人端夹爪工具的气路连接	1	
6	通过按压控制对应气路电磁阀上的手动调试按钮（1 分），将夹爪工具正确装到快换装置主端口上（1 分）	2	
7	通过按压对应气路电磁阀上的手动调试按钮（1 分），测试夹爪工具的气路安装准确性（2 分）	3	
8	使用绑扎带绑扎气管，第一根绑扎带与接头处距离（60±5）mm，余下的两个绑扎带之间的间距在（50±5）mm 范围内，每根绑扎带的布置记 1 分	3	
9	要求每根绑扎带的剩余长度不大于 1mm，每根不合格扣 1 分	3	
10	整理气管时需将台面上的气管整齐地放入线槽中，并盖上线槽盖板	1	
题目二：工业机器人校对与调试		30	
1	工业机器人控制柜上的模式开关处于手动模式挡	3	
2	将工业机器人示教器操纵杆的速率调节为 30%	4	
3	手动操纵模式下，操纵工业机器人进行单轴运动，按照 4—5—6—3—2—1 的调整顺序依次操纵 6 个关节轴回机械原点位置，每个关节轴正确回机械原点得 2 分	12	
4	修改示教器编辑电机校准偏移界面中的六个轴的偏移参数值，保证数值与工业机器人本体上的电机校准偏移数值相同，每关节轴修改完成得 1 分	6	
5	完成工业机器人六个关节轴转数计数器的更新	5	
题目三：工业机器人操作与编程		20	
1	在示教器中正确配置工业机器人 DSQC652 板卡，将地址设置为 10	3	
2	在示教器中配置控制工具快换装置动作的信号 doQuickChange 和控制夹爪工具动作的信号 doGrip，每个信号配置完成得 0.5 分	1	
3	在示教器上配置可编程按键快捷键，按键 1 控制工业机器人工具快换装置动作，按键 2 控制夹爪工具动作，每个信号快捷键配置完成得 0.5 分	1	

序号	评分内容	分值	得分
4	能使用示教器上的按键 1,正确拆下夹爪工具(0.5 分),更换涂胶笔工具(0.5 分)	1	
5	能利用涂胶笔工具,采用用户三点法建立码垛平台 A 的工件坐标系 wobjA1(1.5 分)	1.5	
6	完成取夹爪工具程序的编写,实现工业机器人从 Home 点出发(0.5 分),完成安装夹爪工具动作(0.5 分),程序命名为 rGetGrip(0.5 分);码垛程序中 Home 点示教(0.5 分),取工具点位示教(0.5 分)	2.5	
7	完成搬运码垛程序编写,实现工业机器人从码垛平台 A 夹取 3 块码垛块放置到码垛平台 B 上,取码垛块时须使用工件坐标系 wobjA1(1 分),每个码垛块正确搬运码垛计 0.5 分,共 1.5 分;程序命名为 rPalletize(0.5 分);取码垛物料块点位示教(0.5 分)	3.5	
8	完成放回夹爪工具程序编写,实现工业机器人从 Home 点安全位姿出发(1 分),将夹爪工具放回工具架上(1 分),最后返回 Home 点姿态(0.5 分),程序命名为 rPutGrip(0.5 分)	3	
9	编写主程序 Main,在主程序中依次调用 rGetGrip、rPalletize、rPutGrip 例行程序,实现搬运码垛工艺	1.5	
10	如果调试过程中工业机器人与周边设备发生碰撞,扣 1 分,调试过程中码垛块掉落,扣 1 分	2	
题目四:工业机器人周边设备编程		20	
1	编写触摸屏程序,要求包含指定元件且界面简洁美观	10	
2	在 PLC 软件中,完成 PLC 与触摸屏的通信设置	10	

监考签字: 日期: